量体钩衣：

Customize

YOUR CROCHET

按体型钩钩针毛衣

[美] 玛格丽特·休伯特 / 著

夏露 / 译

中国纺织出版社

原文书名：Customize Your Crochet

原作者名：Margaret Hubert

Copyright ©2015 Quarto Publishing plc.

All rights reserved.No part of this book may be used or reproduced in any manner whatsoever without written permission except in the case of brief quotations embodied in critical articles or reviews.

本书中文简体版经Quarto Publishing PLC授权，由中国纺织出版社独家出版发行。

本书内容未经出版者书面许可，不得以任何方式或任何手段复制、转载或刊登。

著作权合同登记号：图字：01-2017-6709

图书在版编目（CIP）数据

量体钩衣：按体型钩钩针毛衣 /（美）玛格丽特·休伯特著；
夏露译. -- 北京：中国纺织出版社，2018.11

ISBN 978-7-5180-4597-6

Ⅰ.①量… Ⅱ.①玛… ②夏… Ⅲ.①毛衣—编织—图集

Ⅳ.① TS941.763-64

中国版本图书馆 CIP 数据核字（2018）第 011061 号

责任编辑：向 隽　　特约编辑：靳 晗　责任校对：陈 红
装帧设计：培捷文化　　责任印制：储志伟

中国纺织出版社出版发行

地址：北京市朝阳区百子湾东里 A407 号楼　邮政编码：100124

销售电话：010—67004422　传真：010—87155801

http://www.c-textilep.com

E-mail: faxing@c-textilep.com

中国纺织出版社天猫旗舰店

官方微博 http://weibo.com/2119887771

北京华联印刷有限公司印刷　各地新华书店经销

2018 年 11 月第 1 版第 1 次印刷

开本：787×1092　1/16　印张：7

字数：120 千字　定价：39.80 元

依体型调整 · 依喜好修饰

Customize
YOUR CROCHET

量体钩衣：
按体型钩钩针毛衣

致谢
Acknowledgments

谨以本书献给我最爱的家人。

每一本书的面市都离不开大家的努力，这一点在本书的出版过程中表现得尤为明显。本书涵盖了很多部分，需要编织人员、摄影团队、出版社以及幕后工作者协同运作。在这里，我要特别感谢以下单位和个人：

狮牌毛线公司（Lion Brand Company），它为本书中所有样衣提供了优质的毛线。

我的儿子克里斯·休伯特，他一直陪着我完成整本书的编写，并且负责了摄影工作。

凯伦·玛西，她有着精湛的编辑和制图技能。

辛格缝纫机公司（Singer Sewing Machine Company），它向我们提供了全尺寸的人体模型，使编织工作事半功倍。

卫士私人定制（Guardian Custom Products）为我们提供了带刻度的定型板，我认为这是每一位编织爱好者的必备工具。

感谢短款上衣的设计者凯西·诺兰，以及红心毛线公司（Red Heart Yarns），后者为短款上衣提供了优质的线材。

我还要感谢宝拉·亚历山大、杰妮娜·比勒、特蕾莎·德拉巴雷拉和南茜·史密斯，书中精美的样衣均出自她们之手。

感谢我的女儿莎伦·休伯特·瓦伦西亚、孙女妮可·瓦伦西亚，以及布丽特妮·德拉巴雷拉和珍妮·哈德森，她们是称职的样衣模特。

最后，衷心感谢我的老朋友，同时也是本书的编辑琳达·纽鲍尔。几乎每一本新书都是我俩合作的产物。她相当耐心，总能教会我一些实用的技术，使我可以更加高效地完成工作。

目　录

量体织衣 Customize the Fit

专业的收尾处理 Finish Like a Pro

时尚装饰 Embellish for Personal Flair

简介 INTRODUCTION

　　毛衣编织中的绝大部分成衣样式都是适合长方形身材的女士穿着的，原因是几乎一半的女性都拥有这类体型。本书的第1部分讲解了如何量体织衣，介绍了四款成衣，它们的针法迥异，编织难度也各有不同。每款毛衣的原始版型针对常规长方形身材，你可以根据指导方法将其改造成适合不同体型的样式。一旦掌握了其中的精髓，你就可以自由地将这些方法运用到其他心仪的款式中。本书中的样衣均为开衫，总体原则与套头衫一致。需要记住的是：无关胖瘦，不论体型，最美丽的衣服永远是穿上最合身的衣服。

　　本书的第2部分介绍了专业的收尾方法，它们可以使成衣在细节处理上更加完美无瑕。此外，除了版型，毛衣的装饰也是很重要的一方面，在本书的第3部分有重点讲解，主要包括配饰、口袋及门襟等。它们是展现个人风格的重要元素。

　　本书能够帮助你编织出适合自己体型与风格的毛衣。我相信，当你穿上它们的时候，会由衷地为自己感到自豪！

Margaret Hubert

量体织衣 Customize the Fit

常常有很多学生告诉我，她们非常热爱钩编，但是一般也就是钩些披肩、围巾、帽子、童毯以及婴幼儿服饰等，而很少钩编成人毛衣。最主要的原因是不管她们怎么努力，钩出来的毛衣穿在身上好像永远都不合身。

要钩编适合自己身材的毛衣，第一步是要了解自己的体型。而要了解自己的体型，就必须学会如何精确地测量身体各部位的尺寸。

这部分介绍了四款成衣，按照由易到难的顺序排列，其编织难度主要由针法决定。每款毛衣都附有基础的编织指导，同时，我还要教你如何对花样进行加针和减针，以及如何改造基础版型的毛衣，使其更加适合自己的体型。确定了自己的体型之后，请通读编织指导，选择心仪的花样，拿起钩针开始编织吧！切记：请保持耐心，务必确认编织密度，经常对织物进行测量。相信你一定能做到的！

了解体型

每个人的体型各不相同，基本上可以分为以下四类。

长方形身材：胸围和臀围相差无几，腰线也不明显。这是最常见的体型。

小贴士：长方形身材的人通常乐意使自己的腰部看上去更加纤细。钩编毛衣的时候，你可以在腰线处减几针，钩大约5cm，再加针至原来的针数。

三角形身材（也叫梨形身材）：臀围明显大于胸围和肩，稍有腰线。

小贴士：三角形身材的重点是平衡臀部和较窄的胸部。你可以在肩部增加垫肩，或者在领窝附近用荷叶边进行装饰，主要目的是将注意力向上半身转移。

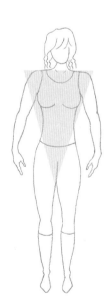

倒三角形身材：上半身较壮实，尤其是肩部相当宽厚。拥有这类体型的人通常有较丰满的胸部，以及宽厚的肩背部，而腰部以下的臀腿部分则比较窄。

小贴士：为了更好地平衡上、下半身，你可以多尝试穿着V领的毛衣，或者在毛衣下摆增加一些装饰。

沙漏形身材：胸围和臀围相差无几，腰线非常明显。肩部和臀部宽度差不多，且上半身的纵向比例恰当。

小贴士：沙漏形身材的人更适合穿着突显身体曲线的衣服。编织毛衣的过程中，可以通过加针和减针强调腰部和胸部的曲线。

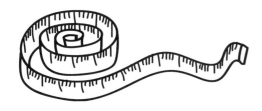

Taking Measurements
测量身体尺寸

开始一件钩编作品之前，你要做的是测量你身体的尺寸，并将它们大致在纸上进行描绘，这有助于分辨哪些部位需要在编织的过程中进行尺寸上的调整。本书第 17、33、49 和 63 页有成衣结构图，精确展示了各个衣片的尺寸数据。

测量身体各部位尺寸的方法

准备一个卷尺，穿着贴身内衣进行测量。最好请朋友帮忙，这样测得的数据更加准确。测量胸围、腰围、臀围时，务必使卷尺平行于地面，不可倾斜。

胸围：将卷尺穿过腋下，围绕背部最宽和胸部最丰满的地方进行测量。

腰围：取一条细绳或是橡筋，围绕身体的中段一圈，并打结。此时绳子会自然卷向腰线的位置，用卷尺沿腰线测量。绳子无需取下，在之后测量背长的时候还会用到。

臀围：围绕臀部最丰满的地方进行测量。

背长：测量从脖颈底部突出的骨头至腰部细绳处的长度。

后背宽：从后方测量两肩之间的宽度。

袖长：要测量两个长度。一是双手自然下垂时，测量从肩部至手腕的长度；二是将手臂稍稍抬起时，测量腋窝至手腕的长度。

臂围：测量手臂最宽部分的周长。

Adjusting Sleeve Measurements
调整袖子尺寸

如果你的上臂较壮实，完全按照编织指导织出来的袖子会偏紧，通过下面的方法可以改善这一情况。

通常来说，袖子的加针贯穿了袖口至上臂的部分，平均每 5cm 加针一次。想要加宽上臂部分，则加针的次数变多，加针的间隔则变短，我们可以调整成每 4cm 加针一次，直至达到预期的宽度。进行袖山收、减针的时候，这部分多加出来的针数仍会减去。此外，加针的方法由花样的难度与针数决定。

本书介绍了四款成衣，花样各不相同，针对每种花样的加、减针方法在编织指导中均有提及。如果你并不想改变袖子的宽度，而仅仅想调整袖子的长度，可以在保持起针和袖宽针数与原文相符的情况下，缩短或者延长加针的间隔。

蕾丝开衫 Double Crochet Lace Cardigan

本款开衫的蕾丝花样是最容易进行针数调整的花样之一。它的针法简单，然而效果却相当不俗，赋予普通的开衫新的生命力。

初级难度

~~~~~~

长方形身材 CLASSIC RECTANGLE

毛线： 中粗

用线： 6（6，7，8）团狮牌超水洗美利奴毛线（Lion Brand Superwash Merino）（100%超水洗美利奴；280m/100g/团）#139红色

用针： 4.25mm、5mm钩针，或者根据编织密度选择针号

编织密度： 5mm钩针钩花样10cm×10cm＝16针×10行请预先确认编织密度。

其他工具：
直径1.9cm的纽扣5颗
缝衣针与缝合线

尺码： S（M，L，XL）

胸围： 86（94，102，109）cm

~~~~~~

Special Stitches
特殊针法

V针： 在同一针中钩（1长针、1锁针、1长针）。

长针2针并1针： [在钩针上挂线，将钩针插入待钩的针圈中，绕线拉出，再次挂线，从钩针上前2个线圈中拉出]2次，再挂线，从全部3个线圈中拉出。

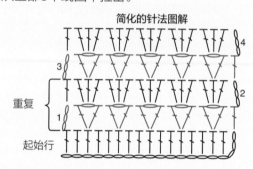

简化的针法图解

后片

用5mm钩针起69（75，81，87）锁针。

起始行： 在离钩针第3针锁针上钩1长针，接下来每针锁针上钩1长针，翻面——68（74，80，86）长针。

第1行： 3锁针（看作1长针，下同），跳过2长针，[下针长针上钩1个V针，跳过2长针]重复至最后2针，跳过1针，在最后的锁针顶端钩1长针，翻面——22（24，26，28）个V针，首尾各1长针。

第2行： 3锁针，在每个V针的顶端镂空处钩3长针，在最后的锁针顶端钩1长针，翻面。

重复以上第1~2行钩编，直至后片总长为30.5（30.5，31.5，31.5）cm，在钩完第2行花样之后结束。

袖窿

第1行： 在开头4针中分别引拔，3锁针，钩花样第1行至最后5针，下针长针上钩1长针，翻面，剩余针数不钩。

第2行： 3锁针，在第1个V针顶端镂空中钩2针，在每个V针的顶端镂空处钩3长针，在最后一个V针顶端镂空中钩2长针，在最后的锁针顶端钩1长针，翻面。

第3行： 3锁针，跳过2长针，下一针上钩1长针，继续钩花样直至最后4长针，跳过2针，下一针上钩1长针，在最后的锁针顶端钩1长针，翻面。

第4行： 3锁针，跳过1长针，[在每个V针的顶端镂空处钩3长针]重复至最后2长针，跳过1针，在最后的锁针顶端钩1长针，翻面。

第5行： 同第1行——18（20，22，24）个V针。

继续不加不减钩花样，直至袖窿高19（20.5，21.5，23）cm。

收针。

左前片

用 5mm 钩针起 36（39，42，45）锁针。

起始行： 在离钩针第 3 针锁针上钩 1 长针，接下来每针上钩 1 长针，翻面——35（38，41，44）长针。

用和后片一样的针法进行钩编，直至与后片开始钩袖窿前等高，在钩完花样第 2 行之后结束。

袖窿

第1行： 在开头 4 针中分别引拔，3 锁针，钩花样第 1 行到结尾，翻面——10（11，12，13）针 V 针。

第2行： 钩花样第 2 行，直至最后 1 个 V 针，在最后一个 V 针顶端镂空中钩 2 长针，在最后的锁针顶端钩 1 长针，翻面——31（34，37，40）长针。

第3行： 3 锁针，跳过 2 长针，下一针长针上钩 1 长针，继续钩花样到结尾，在最后的锁针顶端钩 1 长针，翻面——9（10，11，12）个 V 针。

第4行： 3 锁针，[在每个 V 针的顶端镂空处钩 3 长针]重复至最后 2 针，跳过 1 长针，在最后的锁针顶端钩 1 长针，翻面。

第5行： 钩花样第 1 行——9（10，11，12）个 V 针。

继续不加不减钩花样，直至袖窿高 15（16.5，18，19）cm，在钩完花样第 2 行之后结束。

领窝

第1行： 钩花样第 1 行，直至钩完 5（5，6，6）个 V 针，跳过 1 长针，下一针长针上钩 1 长针，翻面，剩余针数不钩。

继续这样钩花样，直至袖窿与后片等高。收针。

右前片

用和左前片一样的针法进行钩编，直至与左前片开始钩袖窿前等高，在钩完花样第 2 行之后结束。

袖窿

第1行： 钩花样第 1 行至最后 6 针，跳过 1 长针，下一针上钩 1 长针，翻面，剩余针数不钩。

第2行： 3 锁针，在第 1 个 V 针顶端镂空中钩 2 长针，在每个 V 针的顶端镂空处钩 3 长针，直至结尾，在最后的锁针顶端钩 1 长针，翻面。

第3行： 钩花样第 1 行直至最后 4 长针，跳过 2 针，下一针上钩 1 长针，在最后的锁针顶端钩 1 长针，翻面——9（10，11，12）个 V 针。

第4行： 3 锁针，跳过 1 长针，在每个 V 针的顶端镂空处钩 3 长针，直至结尾，在最后的锁针顶端钩 1 长针，翻面——29（32，35，38）长针。

继续不加不减钩花样，直至袖窿高 15（16.5，18，19）cm，在钩完花样第 2 行之后结束。

领窝

第1行： 在开头 12（15，15，18）针中分别引拔，3 锁针，钩花样第 1 行到结尾，翻面——5（6，6，7）个 V 针。

继续这样钩花样，直至袖窿与后片等高。收针。

袖子（钩 2 片）

用 5mm 钩针起 39（39，42，42）锁针。

起始行：在距离钩针第3针锁针上钩1长针，接下来每针上钩1长针，翻面——38（38，41，41）长针。

用与后片一样的方法钩花样，直至总长 7.5cm，在钩完花样第 2 行之后结束。

第1次加针：3锁针，在第1针上钩1长针，跳过1长针，下一针上钩1个V针，[跳过2针，下一针上钩1个V针]重复到结尾，在最后的锁针顶端钩2长针，翻面——12（12，13，13）个V针，首尾各有2长针。

不加不减钩 5 行花样，注意首尾各有 2 长针，在钩完花样第 2 行之后结束。

第2次加针：3锁针，在前2针之间钩2长针，[跳过2针，下一针上钩1个V针]重复到结尾，在最后跳过的那针长针与末尾3针锁针中间钩2长针，在最后的锁针顶端钩1长针，翻面——12（12，13，13）个V针，首尾各有3长针。

不加不减钩 5 行花样，在钩完花样第 2 行之后结束。

再按照第 1 次加针的方法钩 1 行——14（14，15，15）个 V 针，首尾各有 2 长针。

不加不减钩 5 行花样，首尾各有 2 长针，在钩完花样第 2 行之后结束。再按照第 2 次加针的方法钩 1 行——14（14，15，15）个 V 针，首尾各有 3 长针。

不加不减钩 5 行花样，在钩完花样第 2 行之后结束。再按照第 1 次加针的方法钩 1 行——16（16，17，17）个 V 针，首尾各有 2 长针。

不加不减钩花样，注意首尾各有 2 长针，直至袖子总长为 40.5（40.5，42，42）cm，在钩完花样第 2 行之后结束。

袖山

第1行：在开头4针中分别引拔，3锁针，钩花样第1行至最后5针，下一针上钩1长针，翻面，剩余针数不钩——14（14，15，15）个V针。

第2行（减针）：3锁针，在第1个V针镂空中钩2长针，在每个V针的顶端镂空处钩3长针，直至最后1个V针，在最后一个V针顶端镂空中钩2长针，在最后的锁针顶端钩1长针，翻面。

第3行（减针）：3锁针，跳过2针，下一针上钩1长针，钩花样第1行至最后4针，跳过2针，下一针上钩1长针，在最后的锁针顶端钩1长针，翻面。

第4行：3锁针，跳过3长针，在每个V针的顶端镂空处钩3长针，直至最后3针，跳过2长针，在最后的锁针顶端钩1长针，翻面。

第5行：钩花样第1行。

再重复第 2~5 行 2 次。收针。

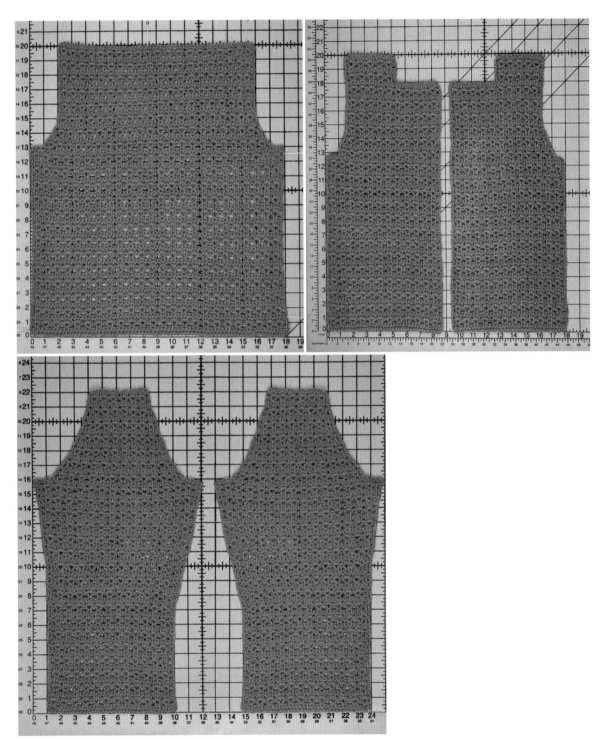

长方形身材·在定型板上的各部分织片

（图中定型板标示的尺寸为英寸，1 英寸 =2.54cm）

组合

缝合双肩。在袖山顶端中心点放记号扣，在肩部缝合线最外侧放记号扣，将袖子和前、后片依形状摆放，可以用大头针等稍做固定，缝合。再缝合正身侧边。

领边与门襟

注意：在进行门襟钩编之前，最好先将前片内侧边平均分成4个部分，钩短针的时候确保这4个部分中的针数是一致的。

第1行：正面朝上，用4.25 mm钩针在右前片下摆直角处加入新线，钩1锁针，均匀地往上钩80（80，84，84）短针至领口处，在转角位置钩3短针，跳过下一针，接着钩14（14，15，15）短针至领窝转角处，跳过下一针，再往上均匀地钩8（8，9，9）针至右肩，接着在后领窝以一对一的方式钩短针，从左肩开始挑织8（8，9，9）针至转角处，跳过下一针，钩14（14，15，15）短针至下一转角，跳过下一针，在转角位置钩3短针，最后均匀地往下钩80（80，84，84）短针至左前片下摆直角处，翻面。

第2行：1锁针，在每针短针上钩1短针，直至转角处，在转角那针上钩3短针，跳过下一针，每针短针上钩1短针，直至转角前1针，跳过下一针，在转角那针上钩3短针，每针短针上钩1短针，翻面。

第3行（纽扣孔）：1锁针，接下来14（14，17，17）针上分别钩1短针，[3锁针，跳过2针，接下来14针上分别钩1短针]4次，3锁针，跳过2针，在转角那针上钩3短针，跳过下一针，每针上钩1短针，直至转角前1针，跳过下一针，在转角那针上钩3短针，在每针短针上钩1短针，翻面。

第4行：1锁针，每针短针上钩1短针，在转角那针上钩3短针，跳过下一针，每针上钩1短针，直至转角前1针，跳过下一针，在转角那针上钩3短针，[在每针上钩1短针，直至下一纽扣孔前，在由3锁针组成的镂空中钩2短针]3次，每针上钩1短针，翻面。

第5行：同第2行，无需翻面。

第6行：1锁针，从左往右，钩1行逆短针。收针。

收尾

用缝衣针与缝合线，将纽扣缝至左门襟对应的位置。

定型：将成衣平摊在薄垫上，在表面喷水湿润，用手轻拍使花样展平，用安全珠针沿衣服的边缘固定成型。晾干。

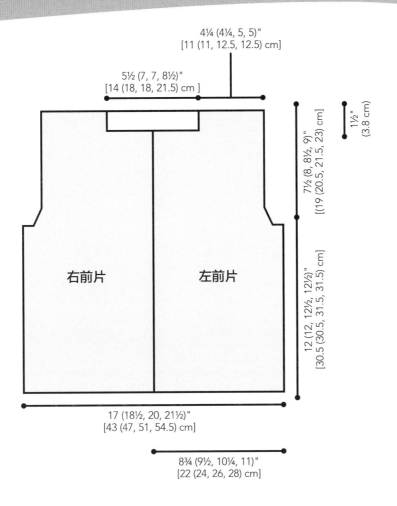

4¼ (4¼, 5, 5)"
[11 (11, 12.5, 12.5) cm]

5½ (7, 7, 8½)"
[14 (18, 18, 21.5) cm]

1½"
(3.8 cm)

7½ (8, 8½, 9)"
[19 (20.5, 21.5, 23) cm]

12 (12, 12½, 12½)"
[30.5 (30.5, 31.5, 31.5) cm]

右前片

左前片

17 (18½, 20, 21½)"
[43 (47, 51, 54.5) cm]

8¾ (9½, 10¼, 11)"
[22 (24, 26, 28) cm]

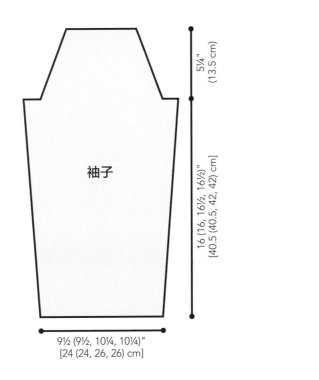

5¼"
(13.5 cm)

袖子

16 (16, 16½, 16½)"
[40.5 (40.5, 42, 42) cm]

9½ (9½, 10¼, 10¼)"
[24 (24, 26, 26) cm]

Customizing the Fit 尺寸调整

蕾丝花样加针与减针

V针：在同一针中钩（1长针、1锁针、1长针）。

长针2针并1针：[在钩针上挂线，将钩针插入待钩的针圈中，挂线拉出，挂线，从钩针上前两个线圈中拉出]2次，再挂线，从全部3个线圈中拉出。

起28锁针。

起始行：在离钩针第4针锁针上钩1长针（开头3锁针看作1长针），接下来每针锁针上钩1长针，翻面——26长针。

第1行：3锁针（看作1长针），跳过1长针，下一针上钩1个V针，[跳过2长针，下一针长针上钩1个V针]重复至最后2针，跳过1针，在最后的锁针顶端钩1长针，翻面——8个V针。

第2行：3锁针，在每个V针的顶端镂空处钩3长针，在最后的锁针顶端钩1长针。

重复以上第1~2行，在钩完花样第2行之后结束，接下来准备加针。

加针与减针

第1行（加针）：3锁针，在第1针上钩1长针，跳过下一针，在下针上钩1个V针，[跳过2针，下一针上钩1个V针]重复至最后2针，跳过1长针，在最后的锁针顶端钩2长针，翻面——8个V针。

第2行（加针）：3锁针，在开头两针之间钩2针，在每个V针的顶端镂空处钩3长针，跳过2针，在最后长针与末尾3锁针中间钩2长针，在最后的锁针顶端钩1长针，翻面——30长针。

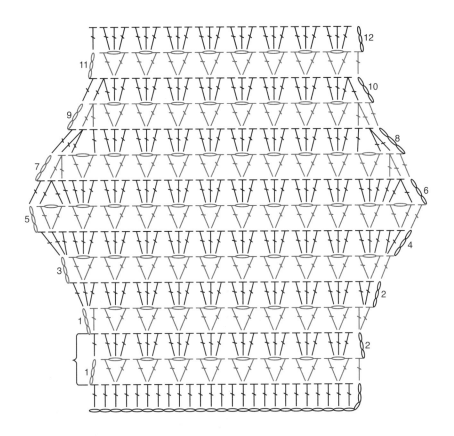

第3行（加针）：3锁针，在第1针上钩1长针，下一针上钩1个V针，[跳过2针，下一针上钩1个V针] 重复至最后2针，在最后的锁针顶端钩2长针，翻面——10个V针。

第4行（加针）：3锁针，在开头两针之间钩2长针，在每个V针的顶端镂空处钩3长针，跳过1针，在最后那针长针与末尾3针锁针中间钩2长针，在最后的锁针顶端钩1长针，翻面——36长针。

第5行：3锁针，下一针上钩1个V针，[跳过2长针，下一针上钩1个V针] 重复至最后1针，在最后的锁针顶端钩1长针，翻面——12个V针。

第6行（减针）：3锁针，长针2针并1针，下一针上钩1长针，在每个V针的顶端镂空处钩3长针，至最后6针，下一针上钩1长针，长针2针并1针，在最后的锁针顶端钩1长针，翻面。

第7行（减针）：3锁针，长针2针并1针，跳过

下一针，下针上钩1个V针，[跳过2针，下一针上钩1个V针]重复至最后4针，跳过下一针，长针2针并1针，在最后的锁针顶端钩1长针，翻面。

第8行（减针）：3锁针，长针2针并1针，跳过下一个镂空，下一针上钩1长针，在每个V针的顶端镂空处钩3长针，至最后7针，下一针上钩1长针，跳过下一个镂空，长针2针并1针，在最后的锁针顶端钩1长针，翻面——30针。

第9行：同第7行——8个V针。

第10行（减针）：3锁针，长针2针并1针，在下一个镂空中钩2长针，在每个V针的顶端镂空处钩3长针，至最后6针，在最后一个镂空中钩2长针，长针2针并1针，在最后的锁针顶端钩1长针，翻面——26针。

第11、12行：不加不减钩花样。

三角形身材 THE TRIANGLE BODY

如果你的体型是三角形，那就需要根据臀围大小来选择钩哪个尺码，再减针钩腰部和胸部。钩至胸部的时候，要选择稍小一些的尺码。

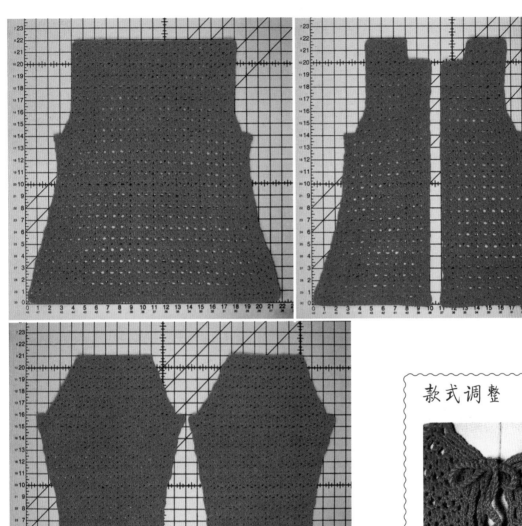

三角形身材·在定型板上的各部分织片
（图中定型板标示的尺寸为英寸，1英寸＝2.54cm）

款式调整

可以适当对款式进行调整，本款的领边与门襟采用了简易贝壳花边（见第101页）。同时，取消了纽扣，改为在左、右门襟最顶端各增加一条系带的方法，使成衣更具灵气。

倒三角形身材 THE INVERTED TRIANGLE

如果你的体型是倒三角形，那就需要根据臀围大小来选择钩哪个尺码，再加针钩腰部和胸部。钩至胸部的时候，要选择稍大一些的尺码。

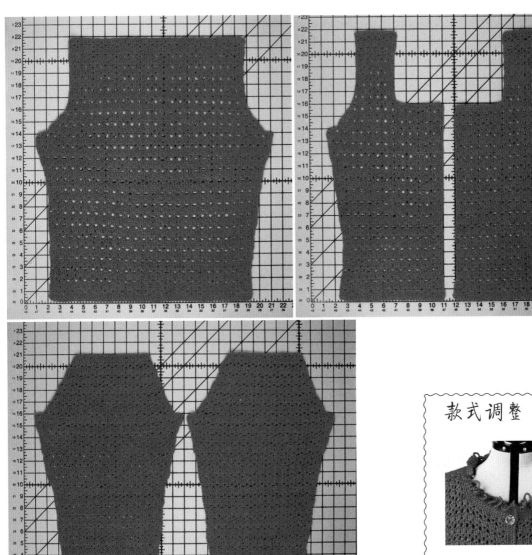

倒三角形身材·在定型板上的各部分织片

（图中定型板标示的尺寸为英寸，1英寸=2.54cm）

　　本款的领子有较大的改动，领窝比较大，而且领口采用贵妇花边（见第100页）的设计。

沙漏形身材 THE HOURGLASS

如果你的体型是沙漏形，那就需要根据臀围大小来选择钩哪个尺码，再减针钩至腰部，不加不减钩大约5cm，再逐渐加针至胸部。钩至胸部的时候，选择与自己胸围大小相符的尺码。

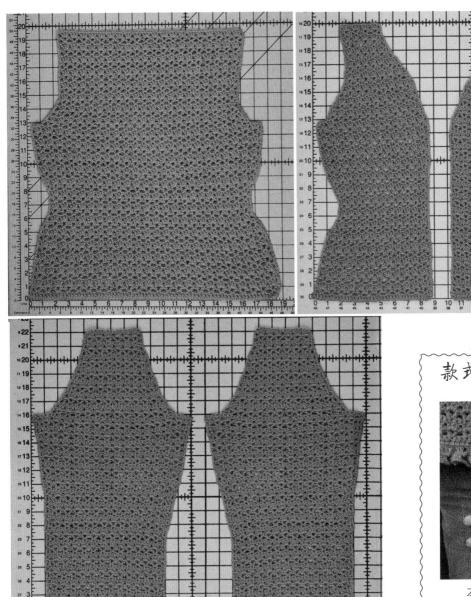

沙漏形身材·在定型板上的各部分织片
（图中定型板标示的尺寸为英寸，1英寸=2.54cm）

款式调整

本款的领子由原先的圆领改成V领，减针的方法参看第18页。下摆与袖口均采用贵妇花边（见第100页）的设计。

球茎花样开衫
Bobbles and Bars Cardigan

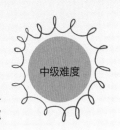

中级难度

球茎花样是一种非常有意思的花样，虽然它的针法算不上很难，但是成品的效果却让人印象深刻。当你钩完这件开衫并穿上身的时候，你的朋友肯定不敢相信这么精美的衣服是你亲手钩编的。要对球茎花样进行加针和减针有很多种方法，在这里我介绍了其中最常用的两种。与球茎花样结构类似的其他花样也可以采用这一方法进行加针和减针。

长方形身材 CLASSIC RECTANGLE

毛线：中粗 ③

用线：6（6，7，8）团狮牌超水洗美利奴毛线（Lion Brand Superwash Merino）（100%超水洗美利奴；280 m /100 g /团）#174草绿色

用针：3.75mm、4mm钩针，或者根据编织密度选择针号

编织密度：4mm钩针钩花样 10cm×10cm = 18长针×10行 请预先确认编织密度。

其他工具：
直径1.9cm的纽扣5颗
缝衣针与缝合线

尺码：S（M，L，XL）

胸围：86.5（96.5，106.5，117）cm

Special Stitches
特殊针法

5长针的枣形针：在前一针长针的立柱处钩枣形针，[在钩针上挂线，将钩针插入立柱处，挂线拉出，挂线，从钩针上前2个线圈中拉出] 5次，再挂线，从全部6个线圈中拉出。注意：枣形针要钩得松一些。如果钩得过紧，枣形针容易向织片的反面突起，遇到这种情况，可以轻轻地将枣形针重新推向正面。

V针：在同一针或者同一镂空处钩（1长针、1锁针、1长针）。

外钩长针：在钩针上挂线，将钩针从前往后再往前插入下一针的立柱处，挂线拉出，[挂线，从钩针上前2个线圈中拉出]2次。

内钩长针：在钩针上挂线，将钩针从后往前再往后插入下一针的立柱处，挂线拉出，[挂线，从钩针上前2个线圈中拉出]2次。

简化的针法图解

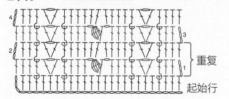

重复

起始行

起锁针，总针数为2的倍数加1针。

起始行：在离钩针第4针锁针上钩1长针，接下来每针上钩1长针，翻面。

第1行：3锁针（看作1长针），跳过第1针，接下来2针上分别钩1长针，[1外钩长针，跳过1针，下针上钩1个V针，跳过1针，下针上钩1外钩长针**，在接下来3针上分别钩1长针，1锁针，跳过1针，下针上钩1长针，在上一针长针的立柱上钩5长针的枣形针，1锁针，跳过1针，接下来3针上分别钩1长针] 重复到底，最后一次仅重复至**处，接下来2针上分别钩1长针，在最后的锁针顶端钩1长针，翻面。

第2行：3锁针，跳过第1针，接下来2针上分别钩1长针，[1内钩长针，下一个V针顶端的镂空中钩1个V针，1内钩长针**，接下来3针上分别钩1长针，下一个镂空中钩1长针，下一针枣形针中钩1长针，下一个镂空中钩1长针，接下来3针上分别钩1长针] 重复到底，最后一次仅重复至**处，接下来2针上分别钩1长针，在最后的锁针顶端钩1长针，翻面。

重复以上第1~2行即为球茎花样。

后片

用4mm钩针起83（91，99，107）锁针。

起始行：在离钩针第4针锁针上钩1长针，接下来每针上钩1长针，翻面——81（89，97，105）长针。

第1行（正面）：3锁针（看作1长针），跳过第1针，接下来2（6，10，14）长针上分别钩1长针，[1外钩长针，跳过1针，下一针上钩1个V针，跳过1针，下一针上钩1外钩长针，接下来3针上分别钩1长针，1锁针，跳过1针，下一针上钩1长针，上一针长针的立柱上钩5长针的枣形针，1锁针，跳过1针，接下来3针长针上分别钩1长针] 5次，1外钩长针，跳过1针，下一针上钩1个V针，跳过1针，下一针上钩1外钩长针，在接下来2（6，10，14）长针上分别钩1长针，在最后的锁针顶端钩1长针，翻面——5组枣形针，

6组外钩长针，两端各有3（7，11，15）长针。

第2行：3锁针，跳过第1针，接下来2（6，10，14）长针上分别钩1长针，[1内钩长针，下一个V针顶端的镂空中钩1个V针，1内钩长针，接下来3针上分别钩1长针，下一个镂空中钩1长针，下一针枣形针上钩1长针，下一个镂空中钩1长针，接下来3针上分别钩1长针] 5次，1内钩长针，下一个V针顶端的镂空中钩1个V针，1内钩长针，接下来2（6，10，14）长针上分别钩1长针，在最后的锁针顶端钩1长针，翻面。

重复以上第1~2行，直至总长30.5（30.5，31.5，31.5）cm，在钩完花样第1行之后结束。

袖窿

第1行：在开头5（6，7，8）针中分别引拔，3锁针，钩花样第2行至最后4（5，6，7）针，剩余针数不钩，翻面——73（79，85，91）针。

保持花样不变，在接下来4（4，5，5）行首尾各减1针。

不加不减钩至袖窿高20.5（21.5，23，24）cm，收针。

右前片

用4mm钩针起41（45，49，53）锁针。

起始行：在离钩针第4针锁针上钩1长针，接下来每针上钩1长针，翻面——39（43，47，51）长针。

第1行（正面）：3锁针（看作1长针），跳过第1针，接下来2针上分别钩1长针，[1外钩长针，跳过1针，下一针上钩1个V针，跳过1针，下一针上钩1外钩长针，接下来3针上分别钩1长针，1锁针，跳过1针，下一针上钩1长针，上一针长针的立柱上钩5针的枣形针，1锁针，跳过1针，接下来3针长针上分别钩1长针] 2次，1外钩长针，跳过1针，下一针上钩1个V针，跳过1针，下一针上钩1外钩长针，接下来2（6，10，14）针上分别钩1长针，在最后的锁针顶端钩1

长针，翻面——2组枣形针，3组外钩长针，袖窿一侧有3（7，11，15）长针。

第2行：3锁针，跳过第1针，接下来2（6，10，14）针上分别钩1长针，[1内钩长针，下一个V针顶端的镂空中钩1个V针，1内钩长针，接下来3针上分别钩1长针，下一个镂空中钩1长针，下个枣形针上钩1长针，下一个镂空中钩1长针，接下来3针上分别钩1长针] 2次，1内钩长针，下一个V针顶端的镂空中钩1个V针，1内钩长针，接下来2针上分别钩1长针，在最后的锁针顶端钩1长针，翻面。

重复以上第1~2行，直至总长30.5（30.5，31.5，31.5）cm，在钩完花样第1行之后结束。

袖窿

第1行：在开头5（6，7，8）针上分别引拔，3锁针，钩花样第2行到结尾，翻面——35（38，41，44）针。

保持花样不变，接下来4（4，5，5）行袖窿一侧各减1针——31（34，36，39）针。

不加不减钩至袖窿高15（16.5，18，19）cm，收针。

领窝

下1行：开头17（19，21，23）针钩花样，翻面，剩余针数不钩。

不加不减钩至与后片袖窿等高。收针。

左前片

用4mm钩针起41（45，49，53）锁针。

起始行：在离钩针第4针锁针上钩1长针，接下来每针上钩1长针，翻面——39（43，47，51）长针。

第1行（正面）：3锁针（看作1长针），跳过第1针，接下来2（6，10，14）针上分别钩1长针，[1外钩长针，跳过1针，下一针上钩1个V

针，跳过1针，下一针上钩1外钩长针，接下来3针上分别钩1长针，1锁针，跳过1针，下针上钩1长针，在上一针长针的立柱上钩5长针的枣形针，1锁针，跳过1针，接下来3长针上分别钩1长针] 2次，1外钩长针，跳过1针，下一针上钩1个V针，跳过1针，下一针上钩1外钩长针，接下来2长针上分别钩1长针，在最后的锁针顶端钩1长针，翻面——2组枣形针，3组外钩长针，袖窿一侧有3（7，11，15）长针。

第2行：3锁针，跳过第1针，接下来2针上分别钩1长针，[1内钩长针，下一个V针顶端的镂空中钩1个V针，1内钩长针，接下来3针上分别钩1长针，下一个镂空中钩1长针，下一个枣形针上钩1长针，下一个镂空中钩1长针，接下来3针上分别钩1长针] 2次，1内钩长针，下一个V针顶端的镂空中钩1个V针，1内钩长针，接下来2（6，10，14）针上分别钩1长针，在最后的锁针顶端钩1长针，翻面。

重复以上第1~2行，直至总长 30.5（30.5，31.5，31.5）cm，在钩完花样第1行之后结束。

袖窿

第1行：钩花样第2行至最后4（5，6，7）针，剩余针数不钩，翻面。

保持花样不变，在接下来 4（4，5，5）行袖窿一侧各减 1 针——31（34，36，39）针。

不加不减钩至袖窿高 15（16.5，18，19）cm，收针。

领窝

下1行：在开头15（16，16，17）针中分别引拔，3锁针，在剩余的17（19，21，23）针上钩花样，翻面。

不加不减钩至与后片袖窿等高。收针。

袖子（钩2片）

用 4mm 钩针起 41（45，49，53）锁针。

起始行：在离钩针第4针锁针上钩1长针，接下来每针上分别钩1长针，翻面——39（43，47，51）长针。

不加不减钩花样 5cm。

保持花样不变，在接下来 12 行首尾各加 1 针，加出来的针数也钩成花样。再不加不减钩花样，直至袖子总长 39.5（40.5，42，43）cm，在钩完花样第 1 行之后结束——63（67，71，75）针。

袖山

第1行：在开头6针中分别引拔，3锁针，钩花样至最后5针，翻面，剩余针数不钩——53（57，61，65）针。

第2行：3锁针，跳过1针，钩花样至最后2针，跳过1针，在最后的锁针顶端钩1长针，翻面——51（55，59，63）针。

第3行：3锁针，[长针2针并1针]2次，钩花样至最后5针，[长针2针并1针] 2次，在最后的锁针顶端钩1长针，翻面——47（51，55，59）针。

第4行：3锁针，长针2针并1针，钩花样至最后3针，长针2针并1针，在最后的锁针顶端钩1长针，翻面——45（49，53，57）针。

第5~11行：同第4行——31（35，39，43）针。收针。

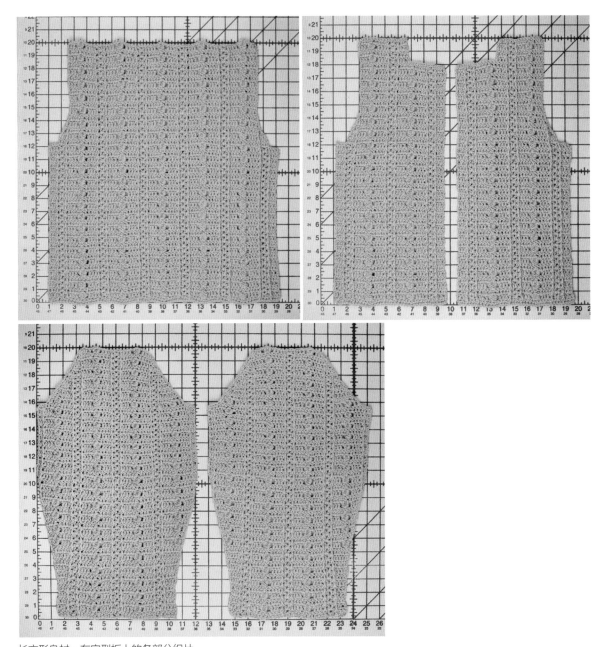

长方形身材·在定型板上的各部分织片
（图中定型板标示的尺寸为英寸，1 英寸 =2.54cm）

组 合

缝合双肩。在袖山顶端中心点放记号扣，在肩部缝合线最外侧放记号扣，将袖子和前、后片依形状摆放，可以用大头针等稍做固定，缝合。再缝合正身侧边。

领边与门襟

第1行：正面朝上，用3.75mm钩针在右前片下摆直角处加入新线，1锁针，沿右前片内侧边往上均匀钩80（82，84，86）短针至右领窝开始处，在转角处钩3短针，沿右前领窝钩22（24，26，28）短针至右肩，沿后领窝一对一钩短针至左肩，往下钩22（24，26，28）短针至左领窝转角，在转角处钩3短针，钩80（82，84，86）短针至左前片下摆直角处，翻面。

第2行：1锁针，在每针上钩1短针，直至领窝转角处，在转角处钩3短针，跳过1针，在每针上钩1短针，直至下一转角前1针，跳过1针，在转角处钩3短针，每针上钩1短针到结尾，翻面。

第3行（纽扣孔）：1锁针，在开头8（10，8，10）短针上分别钩1短针，[3锁针，跳过2针，接下来15（15，16，16）针上分别钩1短针]4次，3锁针，跳过2针，每针上钩1短针，直至领窝转角处，在转角处钩3短针，跳过1针，每针上钩1短针，直至下一转角前1针，跳过1针，在转角处钩3短针，每针上钩1短针到结尾，翻面。

第4行：1锁针，每针上钩1短针，直至下一转角处，在转角处钩3短针，跳过1针，每针上钩1短针，直至下一转角前1针，跳过1针，在转角处钩3短针，[每针上钩1短针，直至下一镂空处，在由3锁针形成的镂空中钩2短针]5次，在每针上钩1短针到结尾，翻面。

第5行：同第2行。收针。

收 尾

用缝衣针与缝合线，将纽扣缝至左门襟对应的位置。

定型：将成衣平摊在薄垫上，在表面喷水湿润，用手轻拍使花样展平，用安全珠针沿衣服的边缘固定成型。晾干。

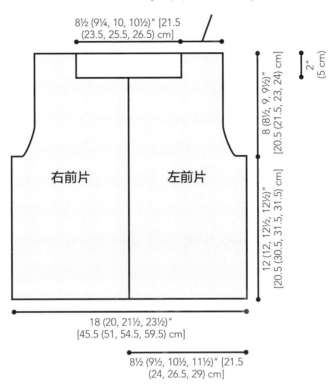

3¾ (4¼, 4½, 5)"
[9.5 (11, 11.5, 12.5) cm]

8½ (9¼, 10, 10½)" [21.5
(23.5, 25.5, 26.5) cm]

2"
(5 cm)

8 (8½, 9, 9½)"
[20.5 (21.5, 23, 24) cm]

右前片　　左前片

12 (12, 12½, 12½)"
[20.5 (30.5, 31.5, 31.5) cm]

18 (20, 21½, 23½)"
[45.5 (51, 54.5, 59.5) cm]

8½ (9½, 10½, 11½)" [21.5
(24, 26.5, 29) cm]

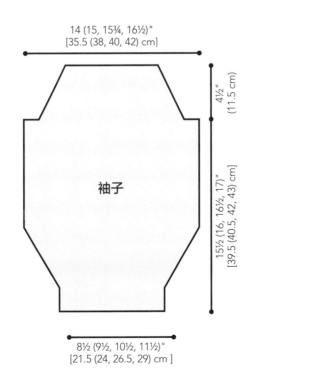

14 (15, 15¾, 16½)"
[35.5 (38, 40, 42) cm]

4½"
(11.5 cm)

袖子

15½ (16, 16½, 17)"
[39.5 (40.5, 42, 43) cm]

8½ (9½, 10½, 11½)"
[21.5 (24, 26.5, 29) cm]

Customizing the Fit 尺寸调整

起 26 锁针。

起始行：在离钩针第3针上钩1长针（开头的2锁针作为1针长针），在接下来每针上钩1长针，翻面——25长针。

第1行（正面）：3锁针（看作1长针），接下来3长针上分别钩1长针，*1锁针，跳过1针，下一针上钩1长针，上一针长针的立柱上钩5长针的枣形针，1锁针，跳过1长针*，接下来3针上分别钩1长针，1外钩长针，跳过1长针，下一针长针上钩1个V针，跳过1针，下一针上钩1外钩长针，接下来3针上分别钩1长针，再重复*至*之间的部分1次，接下来3针长针上分别钩1长针，在最后的锁针顶端钩1长针，翻面。

第2行：3锁针，*接下来3长针上分别钩1长针，下一镂空中钩1长针，下一枣形针上钩1长针，下一镂空中钩1长针，接下来3针长针上分别钩1长针*，1内钩长针，下一镂空中钩1个V针，1内钩长针，再重复*至*之间的部分1次，在最后的锁针顶端钩1长针，翻面。

重复以上第 1~2 行，在钩完第 1 行之后结束，接下来开始加针。

球茎花样加针和减针

注意：球茎花样加针和减针有两种方法。一种是在两端进行，每次增加或者减去1针长针，以增加或者减少花样的组数。另一种是在花样内部进行分散加针和减针。

5长针的枣形针：在前一针长针的立柱处钩枣形针，[在钩针上挂线，将钩针插入立柱处，挂线拉出，挂线，从钩针上前2个线圈中拉出]5次，再挂线，从全部6个线圈中拉出。

外钩长针：在钩针上挂线，将钩针从前往后再往前插入下一针的立柱处，挂线拉出，[挂线，从钩针上前2个线圈中拉出]2次。

内钩长针：在钩针上挂线，将钩针从后往前再往后插入下一针的立柱处，挂线拉出，[挂线，从钩针上前2个线圈中拉出]2次。

V针：在同一针或者同一镂空处钩（1长针、1锁针、1长针）。

长针2针并1针：[在钩针上挂线，将钩针插入待钩的针圈中，挂线拉出，挂线，从钩针上前2个线圈中拉出]2次，再挂线，从全部3个线圈中拉出。

花样加针和减针

第1行（加针）：3锁针，下一针长针上钩2针，接下来2长针上分别钩1长针，下一镂空中钩1长针，在枣形针顶端钩1长针，下一镂空中钩1长针，在接下来3针上分别钩1长针，1内钩长针，在下一镂空中钩1个V针，1内钩长针，在接下来3针上分别钩1长针，下一镂空中钩1长针，在枣形针顶端钩1长针，下一镂空中钩1长针，在接下来2针上分别钩1长针，下一针上钩2长针，在最后的锁针顶端钩1长针，翻面——27长针。

第2行（加针）：3锁针，在下一针上钩2长针，*接下来3针上分别钩1长针，1锁针，跳过1针，下一针上钩1长针，在前一针长针的立柱处钩5长针的枣形针，1锁针，跳过1针，接下来3针上分别钩1长针*，1外钩长针，下一个V针中钩1个V针，跳过下一个V针中的长针，下一针中钩1外钩长针，再重复*至*之间的部分1次，下一针长针上钩2长针，在最后的锁针顶端钩1长针，翻面。

第3行（加针）：3锁针，下一针上钩2长针，接下来4针上分别钩1长针，*下一镂空中钩1长针，在枣形针顶端钩1长针，下一镂空中钩1长针*，接下来3针上分别钩1长针，1内钩长针，下一镂空中钩1个V针，1内钩长针，接下来3针上分别钩1长针，再重复*至*之间的部分1次，接下来4针上分别钩1长针，下一针长针上钩2长针，在最后的锁针顶端钩1长针，翻面。

第4行（加针）：3锁针，下一针上钩2长针，下一长针上钩1长针，1外钩长针，*接下来3针上分别钩1长针，1锁针，跳过1针，在前一针长针的立柱处钩5长针的枣形针，1锁针，跳过1针，接下来3针上分别钩1长针*，1外钩长针，下一个V针上钩1个V针，1外钩长针，再重复*至*之间的部分1次，1外钩长针，下一长针上钩1长针，下一针上钩2长针，在最后的锁针顶端钩1长针，翻面。

第5行（正面）：3锁针，下一针上钩2长针，接下来2长针上分别钩1长针，1内钩长针，接下来3针上分别钩1长针，*下一镂空中钩1长针，在枣形针顶端钩1长针，下一镂空中钩1长针*，接下来3针上分别钩1长针，1内钩长针，下一个V针中钩1个V针，1内钩长针，接下来3针上分别钩1长针，再重复*至*之间的部分1次，接下来3针上分别钩1长针，1内钩长针，接下来2针上分别钩1长针，下一针上钩2长针，在最后的锁针顶端钩1长针，翻面。

第6行（加针）：3锁针，下一针上钩2长针，跳过1针，下一针上钩1个V针，跳过1针，1外钩长针，*接下来3长针上分别钩1长针，1锁针，跳过1针，下一针上钩1长针，在前一针长针的立柱处钩5长针的枣形针，1锁针，跳过1针，接下来3针上分别钩1长针，1外钩长针*，下一个V针上钩1个V针，1外钩长针，再重复*至*之间的部分1次，跳过1针，下一针上钩1个V针，跳过1针，下一针上钩1长针，在最后的锁针顶端钩1长针，翻面。

第7~13行：不加不减钩花样。

第14~19行（减针）：3锁针，长针2针并1针，按原来的花样钩至最后3针，长针2针并1针，在最后的锁针顶端钩1长针，翻面。

球茎花样加针和减针方法一

球茎花样加针和减针方法二

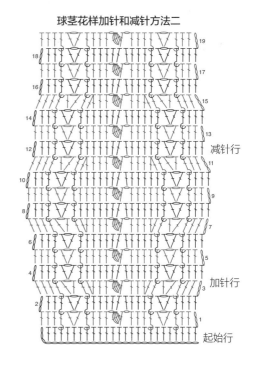

三角形身材 THE TRIANGLE BODY

如果你的体型是三角形，那就需要根据臀围大小来选择钩哪个尺码，再减针钩腰部和胸部。钩至胸部的时候，要选择稍小一些的尺码。

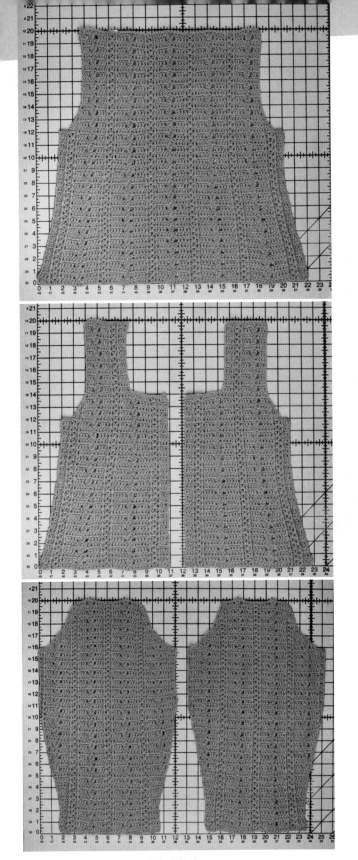

　　本款开衫领窝设计得比较深，袖窿减针一结束就开始领窝减针。门襟的钩法与原始款开衫一致，领口、下摆以及袖口则采用了立体贝壳花边（见第101页）。

三角形身材·在定型板上的各部分织片
（图中定型板标示的尺寸为英寸，1 英寸 =2.54cm）

倒三角形身材 THE INVERTED TRIANGLE

　　如果你的体型是倒三角形，那就需要根据臀围大小来选择钩哪个尺码，再加针钩腰部和胸部。钩至胸部的时候，要选择稍大一些的尺码。

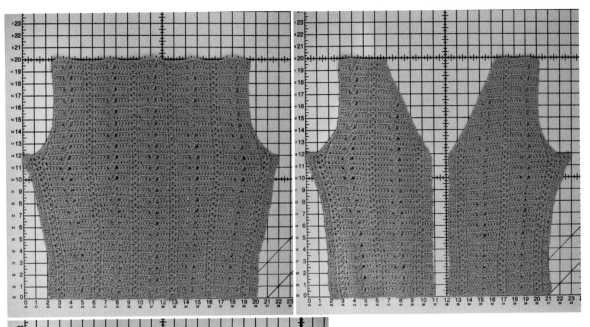

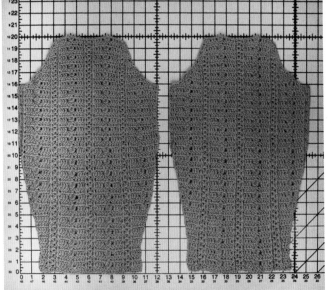

倒三角形身材·在定型板上的各部分织片

（图中定型板标示的尺寸为英寸，1英寸=2.54cm）

本款开衫采用了∨领的设计，针对球茎花样减针钩∨领的方法见第34页"球茎花样加针和减针"。此外，门襟部分多加了一行逆短针。

沙漏形身材 THE HOURGLASS

　　如果你的体型是沙漏形，那就需要根据臀围大小来选择钩哪个尺码，再减针钩至腰部，不加不减钩大约5cm，再逐渐加针至胸部。钩至胸部的时候，选择与自己胸围大小相符的尺码。本款开衫采用了在球茎花样内部加针和减针的方法。

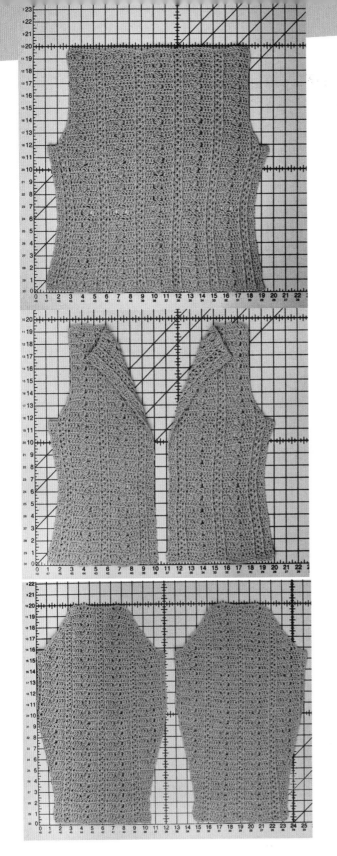

款式调整

本款开衫的前片改动较大,具体方法如下:

从袖窿减针开始,外钩长针和内钩长针互相替换了,目的是使前片自然形成翻领的效果。钩编前片的时候,领窝一侧不加不减钩,直至肩部。起针单独钩领子,针数与后片剩余针数相同,钩10cm 球茎花样。

收尾: 缝合双肩,用大头针等将领子的正面粗略固定至正身的反面,两端各留开2.5cm。缝合领子,绱袖,缝合侧边等。

边缘

右门襟: 从右前片内侧边的底部开始,往上钩一行短针,钩至翻领开始的位置,并在此期间均匀地钩3个纽扣环。再往下钩一行逆短针。

左门襟: 从左侧翻领底部开始,往下钩一行短针,再往上钩一行逆短针。

领边: 从左侧翻领底部开始,往上沿左翻领、领子、右翻领钩一行短针,再反向钩一行逆短针。

收针。

沙漏形身材·在定型板上的各部分织片
(图中定型板标示的尺寸为英寸,1 英寸 =2.54cm)

扇形花样开衫 *Cluster Cardigan*

本款开衫的扇形花样的针法比较厚实，所以一般应选用稍粗的钩针。针号大一些，织物就相对松软一些。

中级难度

长方形身材 CLASSIC RECTANGLE

毛线： 中粗 〔4〕
用线： 6（6，7，8）团狮牌超水洗美利奴毛线（Lion Brand Superwash Merino）（100%超水洗美利奴；280m/100g/团）#107 水蓝色
用针： 4mm、5mm钩针，或者根据编织密度选择针号

编织密度： 5mm钩针钩花样 10cm×10cm＝6组扇形花样×12行 请预先确认编织密度。
其他工具：
直径1.9cm的纽扣5颗
缝衣针与缝合线
尺码： S（M，L，XL）
胸围： 81.5（91.5，101.5，112）cm

Cluster Stitch Pattern
扇形花样

起针，总针数是3的倍数加2针。

第1行：在离钩针第2针锁针上钩（1短针、1中长针、1长针），完成1组扇形花，跳过2针，[下一针上钩（1短针、1中长针、1长针），跳过2针]重复到结尾，在最后一针锁针上钩1短针，翻面。

第2行：2锁针，在第1针短针上钩（1短针、1中长针、1长针），[跳过2针，下一针上钩（1短针、1中长针、1长针）]重复到结尾，在最后一针短针上钩1短针，翻面。

重复第2行的钩法即为扇形花样。

简化的针法图解

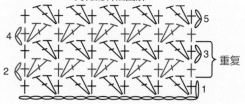

后片

用5mm钩针起71（80，89，98）锁针。

第1行（正面）：在离钩针第2锁针上钩（1短针、1中长针、1长针），完成了1组扇形花，跳过2针，[下一针上钩（1短针、1中长针、1长针），跳过2针]重复到结尾，在最后一锁针上钩1短针，翻面——23（26，29，32）组扇形花。

第2行：2锁针，在第1针短针上钩（1短针、1中长针、1长针），[跳过2针，下一针上钩（1短针、1中长针、1长针）]重复到结尾，在最后锁针顶端钩1短针，翻面。

继续这样钩扇形花样第2行，直至总长34.5（35.5，37，38）cm。

袖窿

第1行：在开头7针上分别引拔，钩扇形花样至最后9针，跳过2针，下一针短针上钩1短针，翻面，剩余针数不钩——19（22，25，28）组扇形花。

第2行（减针）：1锁针，在第1针短针上钩（1短针、1中长针），钩扇形花样至最后6针，跳过2针，下一针上钩（1短针、1中长针），跳过2针，在最后一针上钩1短针，翻面。

第3行（减针）：1锁针，在第1针短针上钩1短针，跳过1中长针，钩扇形花样至最后5针，跳过2针，下一针短针上钩1短针，跳过1中长针，在最后一针短针上钩1短针，翻面。

第4行（减针）：1锁针，跳过1针，钩扇形花样至最后4针，跳过3针，在最后一针上钩1短针，翻面——17（20，23，26）组扇形花。

继续这样钩扇形花样，直至袖窿高 19（20.5，21.5，23）cm。

左 前 片

用 5mm 钩针起 38（41，47，50）锁针。

钩扇形花样，一共 12（13，15，16）组花样，钩至总长 34.5（35.5，37，38）cm，在钩完袖窿一侧之后结束。

袖窿

第1行：在开头7针上分别引拔，钩扇形花样到结尾，翻面——10（11，13，14）组扇形花。

第2行：不加不减钩花样。

第3行（减针）：2锁针，在第1针上钩（1短针、1中长针），钩扇形花样到结尾，翻面。

第4行（减针）：钩花样至最后5针，跳过2针，下一针短针上钩1短针，跳过1中长针，在最后一针短针上钩1短针，翻面。

第5行（减针）：2锁针，在第1针上钩1短针，钩花样到结尾，翻面——9（10，12，13）组扇形花。

继续这样钩扇形花样，直至袖窿高 9（10，11.5，12.5）cm，在钩完袖窿一侧之后结束。

领窝

下1行：钩5（5，6，6）组扇形花，在下针短针上钩1短针，翻面，剩余针数不钩——5（5，6，6）组扇形花。

继续这样钩扇形花样，直至左前片与后片等高。
收针。

右 前 片

与左前片钩法相同，钩至袖窿开始处。

袖窿

第1行：钩扇形花样至最后9针，跳过2针，下一针上钩1短针，翻面，剩余针数不钩。

第2行（减针）：2锁针，在第1针上钩（1短针、1中长针），钩花样到结尾，翻面。

第3行（减针）：钩花样至最后5针，跳过2针，下一针上钩1短针，跳过1中长针，在最后一针短针上钩1短针，翻面。

第4行（减针）：2锁针，在第1针上钩1短针，钩花样到结尾，翻面——9（10，12，13）组扇形花。

领窝

在开头 13（16，19，22）针上分别引拔，2锁针，钩扇形花样到结尾，翻面——5（5，6，6）组扇形花。

继续这样钩扇形花样，直至右前片与后片等高。
收针。

袖子（钩2片）

用5mm钩针起38（41，44，47）锁针。
不加不减钩扇形花样7.5 cm，共有12（13，14，15）组扇形花。

下1行（加针）： 4锁针，在第1针短针上钩（1短针、1中长针、1长针），[跳过2针，下一针上钩（1短针、1中长针、1长针）]重复到结尾，在最后一针锁针上钩（1短针、1中长针、1长针）——加了1组扇形花。

下1行（加针）： 2锁针，在第1针长针上钩（1短针、1中长针、1长针），[跳过2针，下一针上钩（1短针、1中长针、1长针）]重复到结尾，在最后一针上钩（1短针、1中长针、1长针），在上一行开头4锁针顶端钩1短针，翻面——加了1组扇形花。

不加不减钩5cm花样。

每隔5cm钩2行加针行，再重复3次，全部加针完成之后，扇形花的总数为20（21，22，23）个。
继续不加不减钩花样，直至袖子总长40.5（42，43，44.5）cm。

袖山

第1行： 在开头7针上分别引拔，钩扇形花样至最后9针，跳过2针，下一针短针上钩1短针，翻面，剩余针数不钩——16（17，18，19）组扇形花。

接下来每一行开头各减去1组扇形花，一共减12（14，16，18）次（减针方法见第51页）——4（3，2，1）组扇形花。

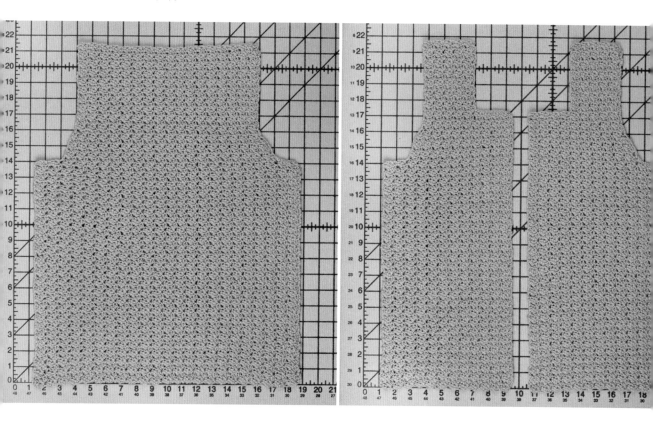

46

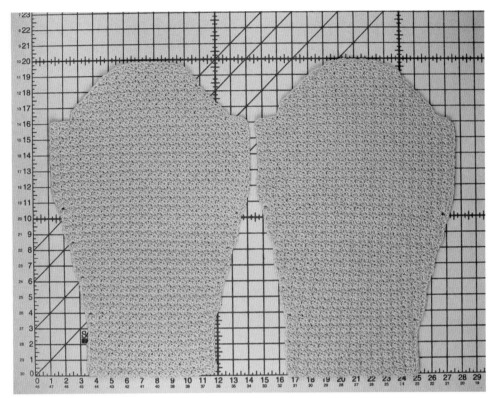

长方形身材·在定型板上的各部分织片
（图中定型板标示的尺寸为英寸，1 英寸 =2.54cm）

组合

缝合双肩。在袖山顶端中心点放记号扣，在肩部缝合线最外侧放记号扣，将袖子和前、后片依形状摆放，可以用大头针等稍做固定，缝合。再缝合正身侧边。

领边与门襟

第1行： 正面朝上，用4mm钩针在右前片内侧边底部加入新线，起1锁针，往上均匀钩64（66，68，70）短针至转角处，在转角钩3短针，继续钩32（34，36，38）短针至右肩，在后领窝一对一钩短针，沿左前领窝钩32（34，36，38）短针至左门襟转角处，在转角钩3短针，往下沿均匀钩64（66，68，70）短针至左前片内侧边底部，翻面。

第2行： 1锁针，在每针短针上钩1短针至转角处，在转角钩3短针，跳过1针，继续在每针上钩1短针，直至下一转角前1针，跳过1针，在转角钩3短针，继续在每针上钩1短针到结尾，翻面。

第3行（纽扣孔）： 1锁针，在开头6（8，10，12）短针上分别钩1短针，[3锁针，跳过2针，接下来9针上分别钩1短针]4次，3锁针，跳过2针，每针短针上钩1短针至转角处，在转角钩3短针，跳过1针，继续在每针上钩1短针，直至下一转角前1针，跳过1针，在转角钩3短针，继续在每针上钩1短针到结尾，翻面。

第4行： 1锁针，每针短针上钩1短针至转角处，在转角钩3短针，跳过1针，继续在每针上钩1短针，直至下一转角前1针，跳过1针，在转角钩3短针，[继续在每针上钩1短针，直至纽扣孔处，在由3锁针组成的纽扣孔中钩2短针]5次，继续在每针短针上钩1短针到结尾，翻面。

第5行： 同第2行。收针。

收尾

在左前片对应纽扣孔的位置缝上纽扣。

定型： 将成衣平摊在薄垫上，在表面喷水湿润，用手轻拍使花样展平，用安全珠针沿衣服的边缘固定成型。晾干。

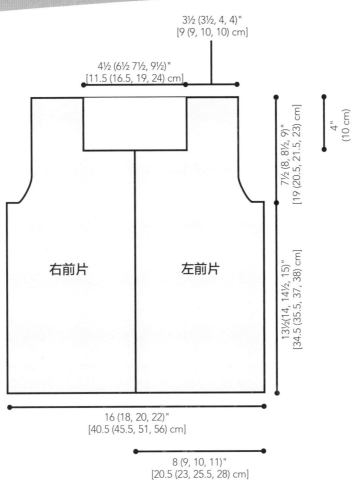

3½ (3½, 4, 4)"
[9 (9, 10, 10) cm]

4½ (6½ 7½, 9½)"
[11.5 (16.5, 19, 24) cm]

4"
(10 cm)

7½ (8, 8½, 9)"
[19 (20.5, 21.5, 23) cm]

13½(14, 14½, 15)"
[34.5 (35.5, 37, 38) cm]

右前片　　　左前片

16 (18, 20, 22)"
[40.5 (45.5, 51, 56) cm]

8 (9, 10, 11)"
[20.5 (23, 25.5, 28) cm]

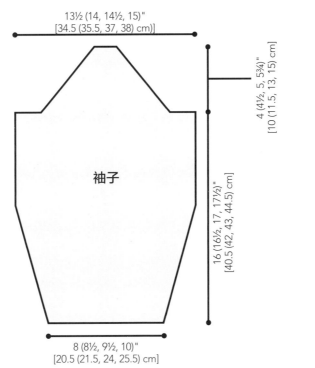

13½ (14, 14½, 15)"
[34.5 (35.5, 37, 38) cm]]

4 (4½, 5, 5¾)"
[10 (11.5, 13, 15) cm]

袖子

16 (16½, 17, 17½)"
[40.5 (42, 43, 44.5) cm]

8 (8½, 9½, 10)"
[20.5 (21.5, 24, 25.5) cm]

Customizing the Fit 尺寸调整

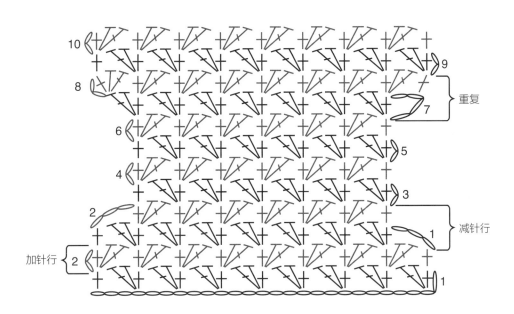

10

8

6

4

2

加针行 2

重复

减针行

9

7

5

3

1

1

扇形花样加针和减针

起针，总针数为3的倍数加2针。

第1行：在离钩针第2锁针上钩（1短针、1中长针、1长针），[跳过2针，下一针上钩（1短针、1中长针、1长针）重复至最后3锁针，跳过2针，在最后一针上钩1短针，翻面。

第2行：2锁针，在第1针上钩（1短针、1中长针、1长针），[跳过2针，下一针短针上钩（1短针、1中长针、1长针）]重复至最后3针，跳过2针，在最后一针上钩1短针，翻面。

重复第2行的钩法即为扇形花样。

花样加针和减针

第1行（减针）：3锁针，跳过开头3针，[下针短针上钩（1短针、1中长针、1长针），跳过2针]重复到结尾，在最后一针上钩1短针，翻面——

减了1组扇形花。

第2行（减针）：3锁针，跳过开头3针，[下针短针上钩（1短针、1中长针、1长针），跳过2针]重复到结尾，在最后一针上钩1短针，翻面——减了1组扇形花。

第3~6行：不加不减钩扇形花样。

第7行（加针）：4锁针，在第1针短针上钩（1短针、1中长针、1长针），[跳过2针，下一针短针上钩（1短针、1中长针、1长针）]到结尾，在最后一针上钩（1短针、1中长针、1长针），翻面——加了1组扇形花。

第8行：2锁针，在第1针长针上钩（1短针、1中长针、1长针），[跳过2针，下一针短针上钩（1短针、1中长针、1长针）]到结尾，在最后一针短针上钩（1短针、1中长针、1长针），在上一行开头4针锁针顶端钩1短针，翻面——加了1组扇形花。

第9~10行：不加不减钩扇形花样。

三角形身材 THE TRIANGLE BODY

　　如果你的体型是三角形，那就需要根据臀围大小来选择钩哪个尺码，再减针钩腰部和胸部。钩至胸部的时候，要选择稍小一些的尺码。

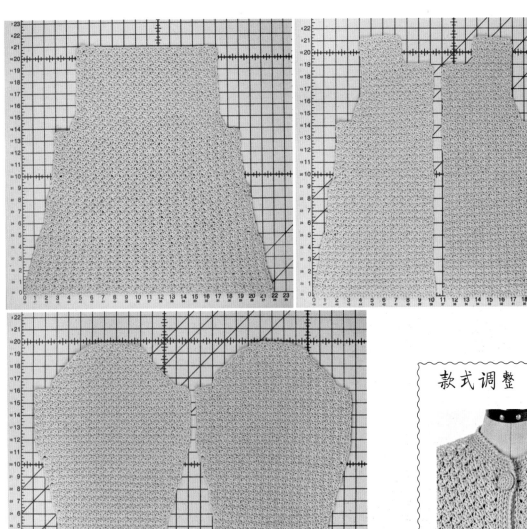

三角形身材·在定型板上的各部分织片
（图中定型板标示的尺寸为英寸，1 英寸 =2.54cm）

款式调整

　　本款开衫的门襟和领边多钩了一行逆短针，且纽扣采用了包扣技术（见第 107 页）。

倒三角形身材 THE INVERTED TRIANGLE

如果你的体型是倒三角形，那就需要根据臀围大小来选择钩哪个尺码，再加针钩腰部和胸部。钩至胸部的时候，要选择稍大一些的尺码。

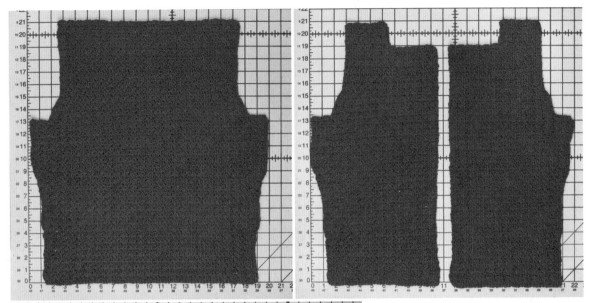

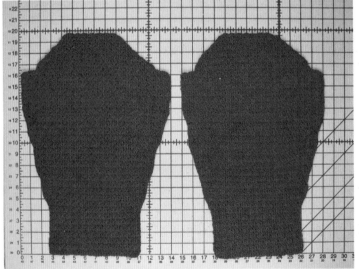

倒三角形身材·在定型板上的各部分织片
（图中定型板标示的尺寸为英寸，1 英寸 =2.54cm）

本款开衫最顶端的纽扣位于领窝往下 7.5cm 的位置，因而使领子呈现轻微的"翻领"效果。领边为荷叶花边（见第 103 页）。

沙漏形身材 THE HOURGLASS

如果你的体型是沙漏形，那就需要根据臀围大小来选择钩哪个尺码，再减针钩至腰部，不加不减钩大约 5cm，再逐渐加针至胸部。钩胸部的时候，选择与自己胸围大小相符的尺码。

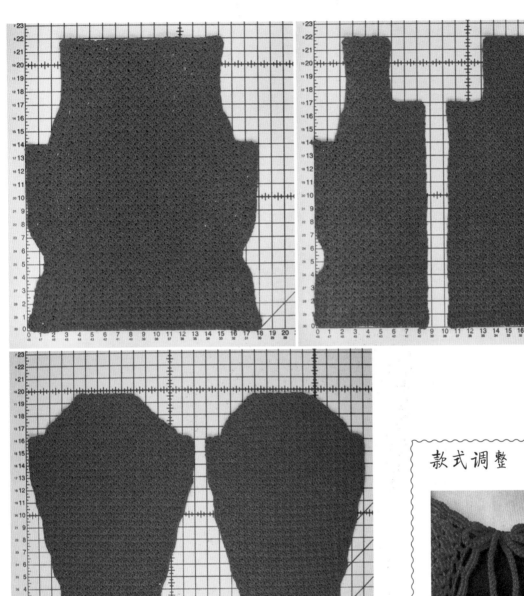

沙漏形身材·在定型板上的各部分织片
（图中定型板标示的尺寸为英寸，1英寸=2.54cm）

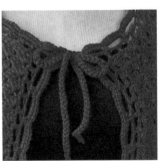

玫瑰枝开衫 Rose Petal Vine Cardigan

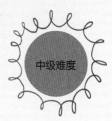

中级难度

有一些钩针花样单组的针数比较多，本款开衫选用的玫瑰枝花样就是其中的代表。要针对这类花样进行常规的加针和减针相对困难，所以我推荐大家用改变钩针针号的方法来调整织片的尺寸。

长方形身材 CLASSIC RECTANGLE

毛线：中粗 4

用线：6（6，7，8）团狮牌超水洗美利奴毛线（Lion Brand Superwash Merino）（100%超水洗美利奴；280m/100g/团）#139草绿色

用针：4mm、5mm、5.5mm、6mm钩针，或者根据编织密度选择针号

编织密度：用5mm钩针起23锁针，换成4mm钩针钩花样10行，此时的织片尺寸为10cm×10cm
请预先确认编织密度。

其他工具：
直径1.2cm的纽扣3颗
缝衣针与缝合线

尺码：S（M，L，XL）

胸围：81（91.5，101.5，111.5）cm

Special Stitches
特殊针法

3长针的枣形针：[在钩针上挂线，将钩针插入针圈，挂线拉出，挂线，从钩针上前2个线圈中拉出]3次，再挂线，从全部4个线圈中拉出。

简化的针法图解

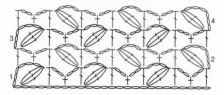

注意：钩袖子的时候，采用改变钩针针号的方法，而非通过加针来调节尺寸。

玫瑰枝花样

起针，针数为8的倍数加7针。

第1行（正面）：在离钩针第7锁针上钩3长针的枣形针，跳过3针，下针上钩1长针，[2锁针，跳过1锁针，下针锁针上钩1短针，2锁针，跳过1针**，下针锁针上钩（1长针、3锁针、3长针的枣形针），跳过3锁针，下针锁针上钩1长针]重复到结尾，最后一次钩至**处即可，在最后一锁针上钩1长针，翻面。

第2行：6锁针（看作1长针、3锁针），在第1针长针上钩3长针的枣形针，[跳过2个由2锁针组成的镂空，在下针长针上钩1长针，2锁针，下一个镂空中钩1短针，2锁针**，下针长针上钩（1长针、3锁针、3长针的枣形针）]重复到结尾，最后一次钩至**处即可，在上一行6锁针的第3针上钩1长针，翻面。

重复编织第2行即为玫瑰枝花样。

后片

用5mm钩针起71（79，87，95）针。

换成4mm钩针不加不减钩玫瑰枝花样，直至总长31.5（33，34.5，35.5）cm——8（9，10，12）组玫瑰枝花样。

袖窿

第1行：1锁针，在第1个镂空中引拔，下针短针上引拔，下一个镂空中引拔，下一针长针上引拔，5锁针（看作1长针、2锁针，下同），下一个镂空中钩1短针，2锁针，[下一针上钩（1长针、3锁针、3长针的枣形针），下针长针上钩1长针**，2锁针，下一个镂空中钩1短针，2锁针]重复，最后一次钩至**处即可，剩余针数不钩——7（8，9，10）组玫瑰枝花样。

不加不减继续钩花样，直至袖窿高19（20.5，21.5，23）cm。收针。

第 1 个前片

用5mm钩针起39（43，47，51）针。

第1行：换成4mm钩针在离钩针第7锁针上钩3长针的枣形针，跳过3锁针，下针上钩1长针，[2锁针，跳过1针，下针上钩1短针，2锁针，跳过1针**，下针上钩（1长针、3锁针、3长针的枣形针），跳过3锁针*，下针上钩1长针]重复到底，最后一次钩至**（**，*，**）处即可，在开头锁针的第3针上钩1长针，翻面——4（4.5，5，5.5）组玫瑰枝花样。

继续不加不减钩花样，直至与后片开始钩袖窿前等高。

袖窿

仅限S、L码

第1行：1锁针，在接下来每针或者每个镂空中分别引拔，直至第1个长针处，5锁针（看作1长针、2锁针），在下一个镂空中钩1短针，2锁针，[下针长针上钩（1长针、3锁针、3长针的枣形针），下针长针上钩1长针，2锁针，下一个镂空中钩1短针，2锁针]重复到底，在上一行6锁针的第3针上钩1长针，翻面——3.5（4.5）组玫瑰枝花样。

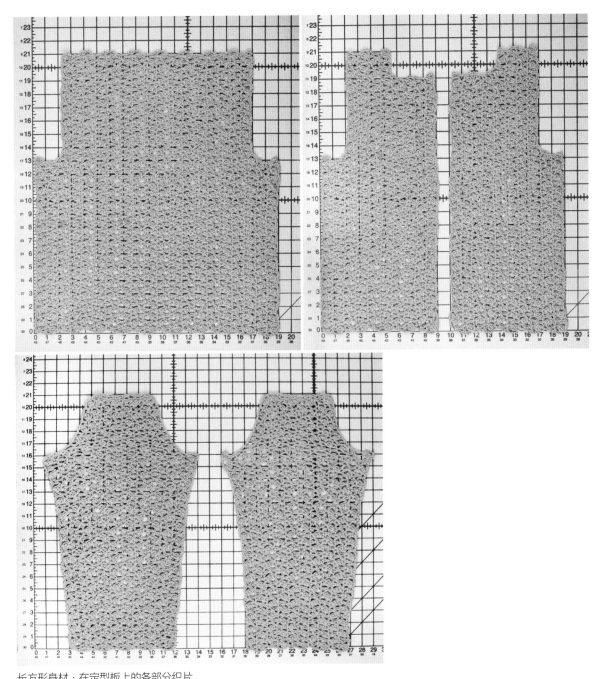

长方形身材·在定型板上的各部分织片

（图中定型板标示的尺寸为英寸，1 英寸 =2.54cm）

第2行：6锁针，在第1针长针上钩3长针的枣形针，下一针上钩1长针，[2锁针，下一个镂空中钩1短针，2锁针，下一针上钩（1长针、3锁针、3长针的枣形针），下针上钩1长针]重复到底，在上一行5锁针的第3针上钩1长针，翻面——3.5（4.5）组玫瑰枝花样。

仅限 M、XL 码

第1行：1锁针，在接下来每针或者每个镂空中分别引拔，直至第1个长针处，6锁针，在第1个长针上钩3长针的枣形针，下针长针上钩1长针，[2锁针，下一个镂空中钩1短针，2锁针**，下一针上钩（1长针、3锁针、3长针的枣形针），下针上钩1长针]重复到底，最后一次钩至**处即可，在上一行6锁针的第3针上钩1长针，翻面——4（5）组玫瑰枝花样。

所有尺码再不加不减钩至袖窿高 12.5（14，15，16.5）cm，在钩完袖窿一侧之后结束。

领窝

第1行：不加不减钩玫瑰枝花样，钩2（2，2.5，2.5）个，在第5（5，6，6）个长针上钩1长针，翻面，剩余针数不钩——2（2，2.5，2.5）组玫瑰枝花样。
继续不加不减钩花样直至与后片肩部等高。收针。

第 2 个前片

和第 1 个前片方法相同，直至与后片开始钩袖窿前等高。

袖窿

第1行：钩玫瑰枝花样，直至最后2个镂空前，翻面，剩余针数不钩——3.5（4，4.5，5）组玫瑰枝花样。
不加不减钩至袖窿高 12.5（14，15，16.5）cm，在钩完门襟一侧之后结束。

领窝

第1行：在每针中分别引拔，直至剩余2（2，2.5，2.5）组玫瑰枝花样，5（5，6，6）锁针，钩玫瑰枝花样到结尾，翻面——2（2，2.5，2.5）组玫瑰枝花样。
继续不加不减钩花样，直至与后片肩部等高。收针。

袖 子（钩 2 片）

用 4mm 钩针起 47（55，63，71）针。
不加不减钩 7.5cm 花样——5（6，7，8）组玫瑰枝花样。换成 5mm 钩针钩至袖子总长 23cm。换成 5.5mm 钩针钩至袖子总长 40.5（42，43，44.5）cm。

袖山

第1行：用5.5mm钩针钩1锁针，在第1个镂空中引拔，下针短针上引拔，下一个镂空中引拔，下针长针上引拔，5锁针（看作1长针、2锁针，下同），下一个镂空中钩1短针，2锁针，[下针长针上钩（1长针、3锁针、3长针的枣形针），下针长针上钩1长针**，2锁针，下个镂空中钩1短针，2锁针]重复，最后一次钩至**处即可，剩余针数不钩——4（5，6，7）组玫瑰枝花样。再不加不减钩3（4，5，6）行。换成5mm钩针，不加不减钩2（3，4，5）行。换成4mm钩针，不加不减钩2行。
下1行：1锁针，在第1针长针上钩1短针，1锁针，[下一个镂空中钩1短针，1锁针，下个镂空中钩1短针，1锁针，下个镂空中钩1短针，1锁针]重复到底，在上一行3锁针的第3针上钩1短针，翻面。
下1行：1锁针，跳过所有镂空，在所有短针上分别钩1短针。收针。

组 合

缝合双肩。在袖山顶端中心点放记号扣，在肩部缝合线最外侧放记号扣，将袖子和前、后片依形状摆放，可以用大头针等稍做固定，缝合。再缝合正身侧边。

领窝与门襟

第1行： 正面朝上，用4mm钩针在右前片下摆直角处加入新线，钩1锁针，均匀地往上钩73（75，77，79）短针至领口处，在转角位置钩3短针，再往上均匀地钩22（26，26，30）针至右肩，接着在后领窝以一对一的方式钩短针，从左肩开始挑织22（26，26，30）针至转角处，在转角位置钩3短针，最后均匀地往下钩73（75，77，79）短针至左前片下摆直角处，翻面。

第2行： 1锁针，在每针短针上钩1短针至转角处，在转角位置钩3短针，跳过下一针，在每针短针上钩1短针，直至转角前1针，跳过下一针，在转角位置钩3短针，在每针短针上钩1短针，翻面。

第3行（纽扣孔）： 1锁针，在接下来17（20，23，26）针上分别钩1短针，[2锁针，跳过2针，接下来5针上分别钩1短针]2次，2锁针，跳过2针，每针短针上钩1短针至转角处，在转角位置钩3短针，跳过下一针，每针短针上钩1短针，直至转角前1针，跳过下一针，在转角位置钩3短针，每针短针上钩1短针，翻面。

第4行： 1锁针，在每针短针上钩1短针至转角处，在转角位置钩3短针，跳过下一针，每针短针上钩1短针，直至转角前1针，跳过下一针，在转角位置钩3短针，[每针短针上钩1短针，直至下一纽扣孔前，在由2锁针组成的镂空中钩2短针]3次，在每针短针上钩1短针，翻面。

第5行： 同第2行，无需翻面。

第6行： 1锁针，反向钩一行逆短针。收针。

收尾

用缝衣针与缝合线，将纽扣缝至左门襟对应的位置。

定型： 将成衣平摊在薄垫上，在表面喷水湿润，用手轻拍使花样展平，用安全珠针沿衣服的边缘固定成型。晾干。

4 (4, 5, 5)"
[10 (10, 12.5, 12.5) cm]

6 (8, 8, 10)"
[15 (20.5, 20.5, 25.5) cm]

2½"
(6.5) cm)

7½ (8, 8½, 9)"
[19 (20.5, 21.5, 23) cm]

右前片   左前片

12½ (13, 13½, 14)"
[31.5 (33, 34.5, 35.5) cm]

16 (18, 20, 22)"
[40.5 (45.5, 51, 56) cm]

8 (9, 10, 11)"
[20.5 (23, 25.5, 28) cm]

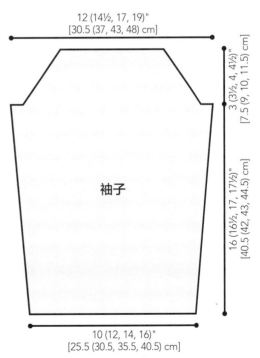

12 (14½, 17, 19)"
[30.5 (37, 43, 48) cm]

3 (3½, 4, 4½)"
[7.5 (9, 10, 11.5) cm]

袖子

16 (16½, 17, 17½)"
[40.5 (42, 43, 44.5) cm]

10 (12, 14, 16)"
[25.5 (30.5, 35.5, 40.5) cm]

Customizing the Fit 尺寸调整

玫瑰枝花样的加针和减针

要对玫瑰枝花样进行常规加针与减针的操作相对困难，所以我们采用另一种方法来实现尺寸变化。这个方法就是不改变织片的针数，仅仅改变钩针的针号。大多数毛衣都是从下往上钩编的，因此先要选择适合自己臀围的尺码，接着确定编织密度，选取能达到预定密度的钩针针号开始进行钩编。在钩编的过程中，根据编织指导或者自身的需要来改变针号，有时候甚至需要更换好几次。一般来说，要使织片呈现更自然的"渐变"效果，可以逐级增大或者缩小针号。

三角形身材 THE TRIANGLE BODY

　　如果你的体型是三角形，那就需要根据臀围大小来选择钩哪个尺码，再减针钩腰部和胸部。钩至胸部的时候，要选择稍小一些的尺码。在钩编的过程中随时测量尺寸，使其不偏离预期。

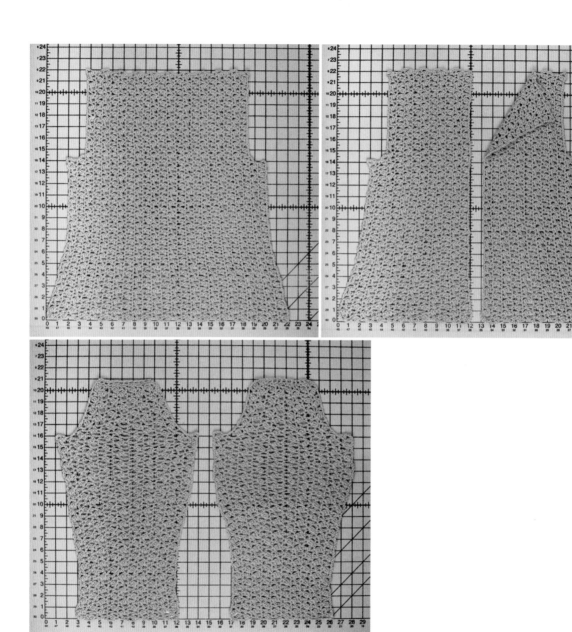

三角形身材·在定型板上的各部分织片
（图中定型板标示的尺寸为英寸，1英寸 =2.54cm）

款式调整

本款开衫的前片领窝采用直边设计，在领窝处无需减针。缝合双肩之后，在右前片下摆底角处加入新线，用如下方法进行钩编：

依次沿右门襟、领窝和左门襟钩一行短针至左前片下摆底角处，翻面，1 锁针，再钩一行短针，钩至右前片大约与袖窿齐平处，[10 锁针（作为纽扣环），在接下来 10 针短针上分别钩 1 短针]2 次，10 锁针，继续往下钩短针至右前片下摆底角处，收针。

将前片领口向外折叠并缝合在前片上，形成 V 领效果。

用花片在领口处进行装饰，本例为 2 个五瓣花（见第 90 页），4 组扇形花（见第 91 页），以及 3 个镂空叶子（见第 92 页）。

倒三角形身材 THE INVERTED TRIANGLE

如果你的体型是倒三角形，那就需要根据臀围大小来选择钩哪个尺码，再加针钩腰部和胸部。钩至胸部的时候，要选择稍大一些的尺码。在钩编的过程中随时测量尺寸，使其不偏离预期。

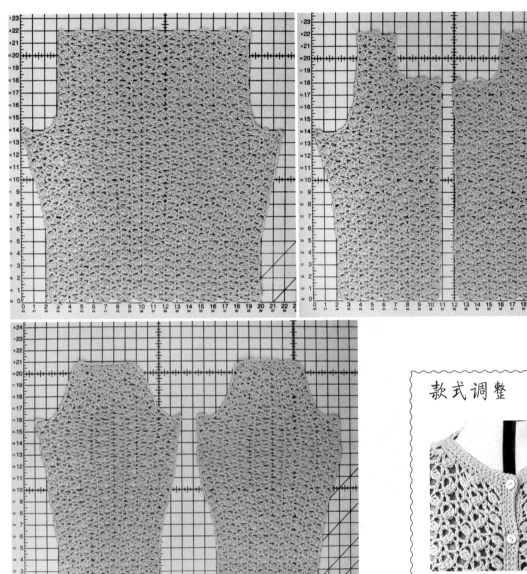

倒三角形身材·在定型板上的各部分织片

（图中定型板标示的尺寸为英寸，1 英寸 =2.54cm）

本款开衫的门襟仅钩 3 行，纽扣孔位于右门襟第 2 行。选择的纽扣相对较小，可以使注意力从较为宽厚的肩背往下转移。

沙漏形身材 THE HOURGLASS

　　如果你的体型是沙漏形，那就需要根据臀围大小来选择钩哪个尺码，再减针钩至腰部，不加不减钩大约 5cm，再逐渐加针至胸部。钩至胸部的时候，选择与自己胸围大小相符的尺码。在钩编的过程中随时测量尺寸，使其不偏离预期。

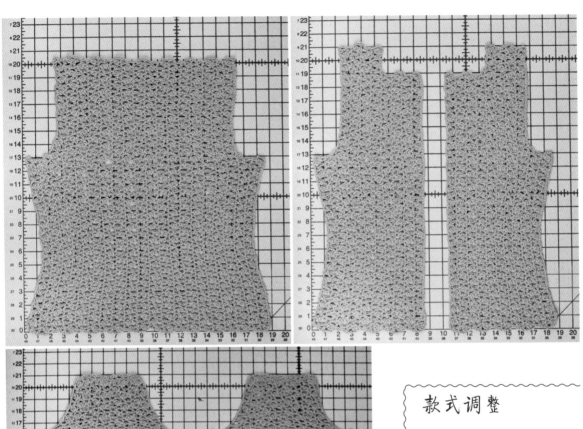

沙漏形身材·在定型板上的各部分织片

（图中定型板标示的尺寸为英寸，1 英寸 =2.54cm）

本款开衫门襟和领边仅钩 3 行短针。同时，省略了常规纽扣孔，改用腰线位置的单扣设计。

第 2 部分

专业的收尾处理
Finish Like a Pro

收尾处理的好坏是一件作品成败与否的关键。容易被忽略的反面其实应该处理得与正面一样美观和整齐。收尾大体包括缝合、缝纽扣、收边、定型等，收尾处理的方法众多，在这一部分中会给大家一一展示。熟练掌握收尾技巧可以使你的成品看起来更专业。

Good Habits
良好的习惯

我们先来进行一些相当简单但却是十分重要的练习，它们有助于提升织物的整体水平。

测量编织密度

在正式开始一件作品之前，请务必先钩样片以测量其编织密度。如果省略这一步的话，成品失败的概率极大。

想要钩编一件与原版样衣的花样和尺寸都接近的作品，很重要的一点是根据编织指导去选择粗细相似的毛线，这一步是获取合适编织密度的首要条件。编织密度体现在针数和行数上，分别代表了宽度与高度，通常在 10cm 见方的织片上进行测量。编织指导中推荐的针号代表的是一个钩编松紧程度中等的人要钩出预定密度所使用的针号。然而，大部分钩编爱好者都有自己的钩编习惯和手法，有些人手势偏松，有些人则偏紧。

开始进行正式钩编之后，请务必花一些时间测量编织密度。先起一段锁针，长度略大于10cm，接着用编织指导中注明的针号，以及相似粗细的毛线钩编主体花样，使样片大小至少有10cm 见方。在样片其中一侧穿入大针头，再在间隔 10cm 处再穿入另一个大头针。数一下两个大头针之间的针数。如果实际针数比编织指导中列明的针数多，说明手势偏紧，需要更换成粗一些的针。反之，则说明手势偏松，需要更换成细一些的针。不要为了获得与原文相符的密度而试图改变自己的钩编手法，你需要做的仅仅是调整针号，重新再钩样片即可。

如果你选用的毛线与原文不同，请不要仅凭新毛线标签上写明的克数与长度来判断其粗细程度。你要做的是用毛线钩编样片，通过调整针数等方法使编织密度与原文相符。

起针的注意事项

我们要做的另一件事情是观察样片的起针行，看其是否平整。用手轻轻地将样片横向拉伸，感受一下起针行的弹性是否与样片其余的部分相同。比较常见的问题是起针行的弹性偏小，这会导致起针部分皱缩起来，从而破坏织物的美感。假如起针的时候起得非常紧，那么钩出来的衣服就会不合身，甚至起针行有可能被扯断。解决的方法其实相当简单，就是在起针的时候选用稍大号的钩针。反之，如果起针的时候起得过松，起针行会呈现波浪状，使织物看起来过于松垮。遇到这种情况时，可以换稍小号的钩针起针。用尺寸合适的钩针完成起针之后，换回与样片用针相同的针号继续钩编。

清点行数

在钩编过程中，测量织片的长度是很重要的一环。织物的行数更精确地反映了长度，它的准确与否是作品成败的关键。举个例子，某件衣服的编织指导要求正身钩 28cm，接着钩袖窿，袖窿高 19cm 至肩部，然后收肩部，最后收针。钩完后片之后，要使前片的长度与后片完全保持一致，仅靠尺子来测量是很容易出现问题的，这时候必须保持前、后片每一部分的行数相等。否则，前后片缝合的过程中会发现两者长度不一致，强行缝合的话会导致成衣不平整。同样的，在钩编袖子的过程中，保持左、右袖片的行数相同，才能保证两只袖子长度一致。

Seams 缝合

　　将两个织片缝合起来有很多种方法。一般来说，可以根据自己的喜好来决定使用哪一种缝合方法。但有时候针对某些针法，我们需要采用特定的方法使其达到最佳缝合效果。不同的缝合方法形成的效果不尽相同，在对衣片进行缝合的时候，我们通常会用到不止一种方法，比如衣片的侧边要求"无痕"，而袖山和肩部则要求"立体"，这就需要用两种不同的缝合方法加以区别。在进行缝合之前，先用大头针或者记号扣等工具将衣片需要缝合的地方固定起来，使成品更均匀、平整。

　　缝合的顺序至关重要。对于平肩或者落肩服装，首先要缝合肩部，接着绱袖，即将袖子的袖山与正身的袖窿缝合起来，最后缝合袖子侧边与正身的侧边。对于马鞍肩或者插肩的服装，则无需缝合肩部，将袖子与正身的插肩部分对应缝合即可，袖子的顶端同时也是领窝的组成部分。

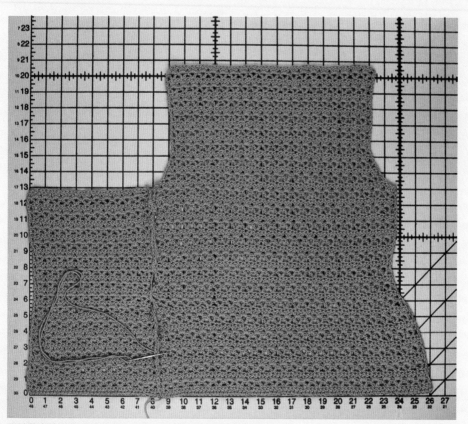

平针缝合法适用于缝合侧边，以上为蕾丝开衫缝合的例子

反面

正面

平针缝合

通过平针缝合的表面非常平整，有时候甚至在正面看不到缝合的针迹。缝合的时候，将需要拼接起来的两片织物反面朝上，边缘贴合。将穿上毛线的缝衣针依次插入两片织物边针的单个线圈中，抽出毛线，再继续插入下一针边针的单个线圈中，按照这个方法将所有针数都进行缝合。缝合的时候，若缝衣针仅插入顶部的线圈，在织物正面可以看到缝合边；反之，缝合边位于织物反面。

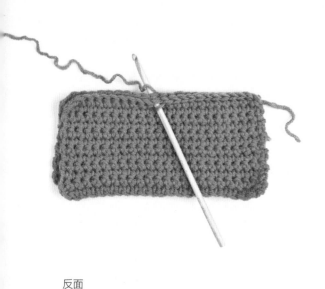

反面

反面

正面

正面

引拔缝合

　　引拔缝合是一种非常受欢迎的缝合方法，因为它操作简便、快捷。缝合的时候注意不要把线扯得过紧，避免织物皱缩。将需要缝合的织物正面相对，从一侧开始，用钩针依次穿过两片织物的针圈中，引线拉出，继续以一次一针的方法将边缘以引拔针的方法结合。

锁边缝合

　　锁边缝合法是缝合直边的首选方法。将需要缝合的织物正面相对，将缝衣针从前往后穿入两片织物的内侧针圈，轻轻抽出，重复这一步骤。

反面

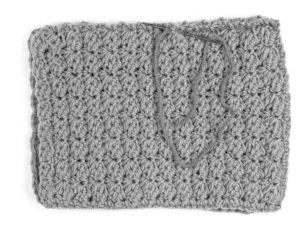

反面

正面

正面

短针缝合

　　短针缝合的针迹相对较明显，带有一点装饰性的效果。将需要缝合的织物正面相对，钩针穿入两层织物的完整针圈中，一一对应钩短针。

回针缝合

　　回针缝合法多运用于袖山等部位。这种方法可以"加厚"织物的背面，从而使袖山等部位更加立体挺括。回针缝合法还可以运用于某些弧形边缘的缝合。操作的时候需要将两片织物正面相对。

Attaching Sleeves
绱袖

绱袖是很关键的一环。一个完美的袖子应该很平滑地与袖窿结合，缝合之后无多余的褶皱，中心线与肩线对齐。

绱袖之前，先将肩部缝合。在袖山中心用记号扣做好标记，参照彩图，将袖子摆放整齐，袖山中心处与肩线对齐，用大头针或记号扣等工具将正身与袖子粗略固定。将袖子与正身缝合，袖山部位用回针法缝合，其余部位可以用相对无缝的方法进行缝合。

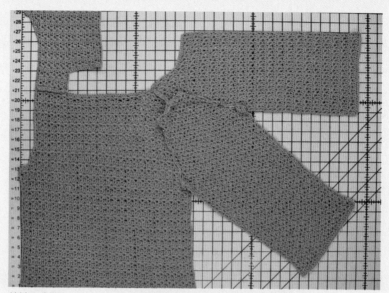

绱袖示意图

回针缝合法使袖山更加立体挺括。

Collars and Neckbands
领子与领边

绝大多数领子是用稍小的针号进行钩编的，通常有两种方法：一是单独钩领子，完成之后再缝至领窝；另一种是沿领窝挑针进行钩编。

领边比领子小、窄，一般采用挑针后再钩编的方法。

通常来说，前领窝比后领窝低5~7.5cm，钩领窝的时候要尽量使弧度自然、圆滑。

Front Borders
门襟

门襟是开衫的一大特色，我们需要用一些特定的技巧使其更精致。钩编衣物的门襟一般采用挑针的方法，注意挑针的间距要均匀。织物中的每一针通常都不是正方形的，意味着不能一针对一针进行挑针，否则门襟会过长，所以我们在挑针的时候要进行一些简单的计算。先将前片的内侧边平均分成四个部分，用大头针做好标记。接着清点每一部分的行数，确保行数是一致的。最后将所需要挑针的总针数除以4，得到的数字就是每部分需要挑针的针数，以大头针作为每部分的边界，用钩针依次挑针。

门襟挑针的一般规律是：如果主体花样是短针，采用隔一行挑一针的方法；如果主体花样是长针，则每一行挑一针。举例来说，假如要在20行短针织片上挑针，挑10针；假如是20行长针，则挑20针。这一规律适合绝大部分钩编爱好者，但也有例外。通常来说，要判断挑针数目是否合适，就要将钩片摊平，观察挑针的边缘是否平整。如果边缘像荷叶边一样卷曲，说明挑的针数过多；反之，如果边缘缩紧，则说明针数过少。可根据实际情况调整挑针的针数。

Oops! How Do I Fix That?
出现问题该怎么办

　　有时候，当我们完成一件毛衣之后，会发现有很多细节处理不尽如人意，例如边缘不平整，或者是起针行太紧而导致整个下摆部分皱缩起来等。下面我来介绍一些小妙招，专门应对层出不穷的小麻烦。

起针过紧

　　过紧的起针行会使下摆或者袖口等地方皱缩起来，破坏衣物的美感和舒适度。要解决这个问题其实只需要一点耐心，将起针行拆除，再重新钩一行短针即可。方法是先剪开起针行开头那针，接着小心地将起针行一针一针拆除，为了避免脱针，可以另取一段毛线，用缝衣针将活动的线圈穿起，最后用钩针钩一行短针。

不平整的边缘

　　对织片进行缝合或者挑针前，有时候你会发现织片的侧边不平整，导致缝合或挑针不太好操作。解决的方法是沿侧边钩一行，来"填平"不平整的地方，针法可以是短针、中长针、长针，或者几种针法相结合，具体以实际需要来决定。

藏尾线

正确的藏尾线方法是将它们巧妙地"隐藏"在织物内部，而不是简单粗暴地打结剪短了事。

将尾线穿过针眼较大的缝衣针，将尾线藏在织物反面，以同一方向藏于几针内，再反向穿过旁边的几针，这样可以避免藏线的部分过厚。

垮肩加固

肩部和后领窝会在穿着的过程中逐渐失去弹性，袖山的位置也会"垮掉"，这是钩针衣物常见的问题之一。解决的办法是沿两肩与后领窝缝一条蕾丝花边。

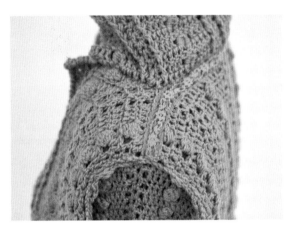

Blocking
定型

如果有必要将织物定型，可将其平摊在定型板上，用大头针沿边缘固定，使织物的尺寸与编织指导中的尺寸相符，或是根据自己实际需要决定定型尺寸。用喷壶将清水均匀喷至织物表面，使其湿润。最后在织物表面覆盖一块干毛巾，晾干。也可以使用蒸汽定型的方法，注意熨斗不要直接接触衣物表面，而是要在织物表面先铺一块微湿的布，用蒸汽熨斗轻轻按压湿布进行整烫。彻底晾干。

凯西设计的短款上衣
Cathie's Cropped Top

高级难度

　　凯西是我工作室的一名学生，也是这件可爱短款上衣的设计者。她的收尾技术让我印象深刻，我从未见过这样的方法。凯西很慷慨地同意我在本书中介绍这种技术。这件短款上衣有多种穿着方式，编织指导中介绍了两种不同的领子设计。

毛线：细蕾丝 ⓪
用线：4（5，6）团莉迪亚姨妈的10号蕾丝线（Aunt Lydia's #10 Lace）（100%棉；320m/团）#856蓝绿色
用针：1.5mm钩针，或者根据编织密度选择针号
编织密度：花样10cm×10cm＝26针×24行
请预先确认编织密度。

其他工具：
直径1.2cm的纽扣10颗
缝衣针与缝合线
记号扣
尺码：S（M，L）
胸围：91.5（99，109）cm

Special Stitches
特殊针法

逆短针：将钩针从后往前插入下一个针圈中，挂线拉出，再次挂线，从两个线圈中拉出，与短针类似。

简化的针法图解

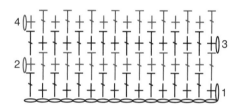

前片

松松地起 101（113，125）锁针。

第1行：在离钩针第2锁针上钩1短针（开头2锁针看作1长针），下一针锁针上钩1长针，[下针上钩1针短针，下针上钩1长针]重复到结尾，翻面——100（112，124）针。

第2行：1锁针，在第1针长针上钩1短针，下一针短针上钩1长针，[下针上钩1短针，下针上钩1长针]重复到结尾，翻面。

第3~6行：同第2行。

第7行（加针）：开头30（34，38）针钩花样，下一针上钩2短针，下针上钩1短针（在这针上放记号扣），下针上钩2短针，不加不减继续钩34（38，42）针，下针上钩2短针，下针上钩1短针（在这针上放记号扣），下针上钩2短针，最后30（34，38）针钩花样——104（116，128）针。

第8~10行：不加不减钩花样，记号扣跟着上移。

第11行（加针）：花样不变，按第7行的方法在记号扣那针的前后各加1针——108（120，132）针。

第12~19行：将第8~11行重复2次——116（128，140）针。

不加不减钩花样，直至总长为 19（20.5，21.5）cm。

袖窿

第1行：在开头11（12，13）针中分别引拔，1锁针，短针2针并1针，钩花样90（100，110）针，短针2针并1针，翻面，剩余针数不钩。

不加不减钩一行。

在下一行按第1行的方法在两端各减1针，接下来每3行在两端各减1针减7次，翻面——76（86，96）针。

不加不减钩花样，直至袖窿高 11.5（12.5，

14）cm。

右肩

开头12（13，14）针钩花样，接着仅钩这12（13，14）针，同时在接下来8行的领窝一侧各减1针——4（5，6）针。

不加不减钩花样，直至袖窿高19（20.5，21.5）cm，收针。

左肩

跳过中心52（60，68）针作为领窝，在下一针中引拔加入新线，钩左肩，方法与右肩类似，方向相反。

左后片

注意： 如果你钩的是仅有两颗纽扣的版本，请省略左后片与下摆的纽扣孔。

松松地起51（57，63）锁针。

按照前片的花样，不加不减钩6行。

第7行（加针）： 开头17针钩花样，下针上钩2短针，下针上钩1短针（在这针上放记号扣），下针上钩2短针，继续钩花样到结尾，翻面——52（58，64）针。

第8行： 不加不减钩花样，记号扣跟着上移。

第9行（纽扣孔）： 开头3针钩花样，2锁针，跳过2针，继续钩花样到结尾，翻面。

第10行： 钩花样，在上一行2锁针的地方钩2针，翻面。

第11行（加针）： 花样不变，按第7行的方法在记号扣那针的前后各加1针——54（60，66）针。

记号扣跟着上移。

继续钩花样，每4行在记号扣那针的前后各加1针，同时，每8行钩一次纽扣孔，直至总针数为60（66，72）针。接着不加不减钩花样，继续每8行钩一次纽扣孔，直至总长19（20.5，

21.5）cm，在钩完门襟一侧之后结束。

不加不减钩花样至最后4（6，8）针，翻面，剩余针数不钩——56（60，64）针。

继续钩花样，隔行在袖窿一侧减1针减15次，翻面——38（45，50）针。

不加不减钩花样，至袖窿高为14（15，16.5）cm。

左肩

第1行： 开头12（13，14）针钩花样，在接下来8行领窝一侧各减1针——4（5，6）针。不加不减钩花样，直至袖窿高19（20.5，21.5）cm，收针。

右后片

与左后片钩法类似，省略纽扣孔。

下摆

松松地起21锁针。

第1行： 在离钩针第2锁针上钩1短针，在接下来每针上分别钩1短针，翻面——20短针。

第2行： 1锁针，在每针短针上钩1针逆短针，翻面——20针逆短针。

第3~4行： 同第1~2行。

第5行（纽扣孔）： 1锁针，在开头2针上分别钩1短针，2锁针，跳过2针，接下来9针上分别钩1短针，2锁针，跳过2针，在最后5针上分别钩1短针，翻面。

第6行： 1锁针，在每针短针上钩1针逆短针，同时在上一行2锁针处钩2短针。

重复以上第2~3行，直至轻轻拉伸状态下，下摆长79（86.5，96.5）cm，收针。

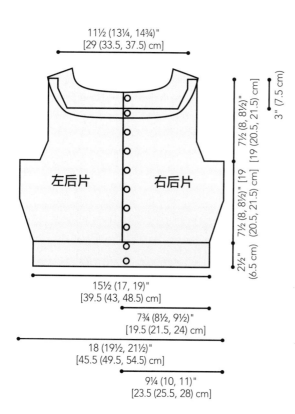

11½ (13¼, 14¾)"
[29 (33.5, 37.5) cm]

3" (7.5 cm)

7½ (8, 8½)"
[19 (20.5, 21.5) cm]

7½ (8, 8½)" [19
(20.5, 21.5) cm]

左后片　　右后片

2½"
(6.5 cm)

15½ (17, 19)"
[39.5 (43, 48.5) cm]

7¾ (8½, 9½)"
[19.5 (21.5, 24) cm]

18 (19½, 21½)"
[45.5 (49.5, 54.5) cm]

9¼ (10, 11)"
[23.5 (25.5, 28) cm]

简化的针法图解

普通领

松松地起 163（171，179）锁针。

第1行：在离钩针第2锁针上钩1短针，接下来每针锁针上钩1短针，翻面——162（170，178）短针。

第2行：1锁针，每针短针上钩1针逆短针，翻面——163（170，178）针逆短针。

第3行（加针）：1锁针，接下来每针锁针上钩1短针，同时均匀加11短针，翻面——173（182，190）针。

第4~20行：重复以上第2~3行8次，再钩第2行1次，不要翻面，不要收针——261（270，278）针。

纽扣环：沿领子的短边，钩1锁针，[跳过1行，在下一行末钩1短针] 2次，4锁针，[跳过1行，在下一行末钩1短针] 6次，4锁针，[跳过1行，在下一行末钩1短针] 2次，收针。

袖口（钩 2 片）

松松地起 6 锁针。

第1行：在离钩针第2锁针上钩1短针，接下来每针锁针上钩1短针，翻面——5短针。

第2行：1锁针，每针短针上钩1针逆短针，翻面——5针逆短针。

第3行：1锁针，在每针上钩1短针，翻面——5短针。

重复以上第 2~3 行，直至总长为 38（40.5，43）cm，收针。

花 式 领

松松地起 150（158，166）锁针。

第1行（反面）：在离钩针第2锁针上钩1短针，接下来每针锁针上钩1短针，翻面——149（157，165）短针。

第2行：1锁针，在开头2针上分别钩1短针，18锁针，在离钩针第2锁针上钩1短针，在前面18

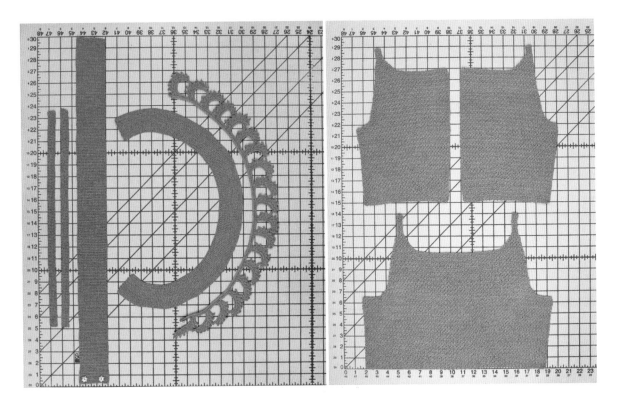

针锁针的镂空中钩19短针（总共有20短针），在第1行接下来2针上分别引拔，翻面。

第3行： 1锁针，跳过2引拔针，接着仅挑起外面半个针圈在接下来19短针上分别钩1短针，翻面，剩余针数不钩。

第4行： 3锁针，在离钩针第3锁针上钩1短针（形成狗牙），仅挑起外侧半个针圈在接下来5短针上分别钩1短针，翻面。

第5行： 1锁针，仅挑起外侧半个针圈在接下来4针上分别钩1短针，翻面，剩余针数不钩。

第6行： 钩狗牙，仅挑起外侧半个针圈在接下来4针上分别钩1短针，仅挑起外侧半个针圈在往前数第3行的接下来2针短针上分别钩1短针，翻面。

第7~16行： 重复第5~6行5次。在钩至第16行末尾时，在接下来2针短针上分别钩1短针——7个狗牙。

第17行： 在第1行接下来6针短针上分别钩1短针，17锁针，翻面，在第12行第3个狗牙处引拔，1锁针，翻面，在刚刚钩出来的17锁针形成

的镂空中钩20短针，在第1行接下来2针短针上分别钩1短针。

再重复第3~17行16（17，18）次，再钩第3~16行1次，在第1行最后1针短针上钩1短针。收针。

收尾

缝合肩部与侧边。从后片中心边线开始，将下摆缝至上衣底部。将袖口首尾缝合起来，注意不要扭卷。将袖口的缝合线与腋窝对齐，袖口稍稍盖过袖窿，仔细缝合。从后领窝中心边线开始，将普通领的宽边或是花式领的波浪边覆盖领窝大约2cm，均匀缝合。在右后片与纽扣环对应的位置缝上纽扣。

定型： 将成衣平摊在薄垫上，在表面喷水湿润，用手轻拍使花样展平，用安全珠针沿衣服的边缘固定成型。晾干。

时尚装饰
Embellish for Personal Flair

对毛衣进行装饰的方法包罗万象，小到给门襟钩一行逆短针增加立体感，大到钩荷叶边或是蕾丝花边作为下摆，或者钩编一些美丽的花片来装点领子和袖口等。

在这一部分中，我会介绍一些装饰的方法，希望大家可以举一反三，创造出无限的可能。你也可以使用钉珠子或者刺绣的方法进行装饰。灵感加上实践，打造独一无二的美衣，让我们尽情地享受这一过程吧！

Motifs 花片

花片是装饰衣物的重要元素之一。在接下来的篇幅中，我会介绍一些常用花片的钩编方法，大家也可以尝试自创一些样式。

心形树叶

注意：沿起针行两侧进行钩编。

起 14 锁针。

第一部分：在离钩针第5锁针上钩5长长针，接下来3锁针上分别钩1长长针，接下来2针上分别钩1长针，接下来2针上分别钩1中长针，下针上钩1短针，在最后的锁针中引拔，3锁针，在同一锁针中引拔（叶子的尖角），不要翻面。

第二部分：沿起针行的另一侧进行钩编，下针锁针上钩1短针，接下来2针上分别钩1中长针，接下来2针上分别钩1长针，接下来3锁针上分别钩1长长针，在最后的锁针中钩5长长针，在同一针锁针中引拔。收针。

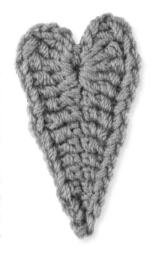 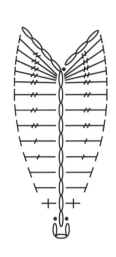

翠菊

用 A、B 两种颜色的毛线。

花蕊

第1圈（正面）：用A线起2锁针，在距离钩针第2锁针中钩8短针，用引拔的方式与第1针短针结合起来。收针。

花瓣

第2圈：正面朝上，用B线在任意短针中引拔，继续在这针短针中钩[8锁针，引拔针]2次，在接下来每针短针上分别钩[引拔针，（8锁针，引拔针）2次]，用引拔的方式与第1针短针结合起来。收针。共有16个花瓣。

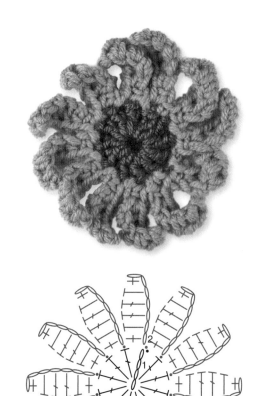

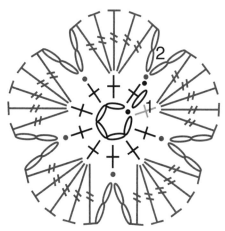

五瓣花

起 5 锁针，在第 1 锁针处引拔成环。

第1圈：1锁针，在环中钩10短针，用引拔的方式与第1针短针结合起来。

第2圈：[2锁针，下针短针上钩5长长针，2锁针，下一针上引拔] 5次。收针。

野花

用 A、B 两种颜色的毛线。

花蕊

第1圈（正面）：用A线松松地起1锁针作为花蕊，继续钩3锁针（看作1长针），在离钩针第4锁针上钩11长针，用引拔的方式与开头4锁针的顶端结合起来——12短针。收针。

花瓣

第2圈：正面朝上，用B线在任意长针中引拔，[7锁针，在离钩针第2锁针上钩1短针，下针上钩1中长针，接下来2针上分别钩1长针，下针上钩1中长针，下针上钩1短针，在花蕊的下针短针中引拔] 重复到结尾。收针。共有12个花瓣。

扇形花

扇形花可以用单色毛线进行钩编，也可以每一行换一次颜色。

注意：扇形花采取来回片钩的方式。

起 5 锁针，在第 1 锁针处引拔成环。

第1行：3锁针（看作1长针，下同），在环中钩6长针，翻面——7长针。

第2行：4锁针（看作1长针和1锁针），接下来5长针上分别钩（1长针、1锁针），在最后锁针的顶端钩1长针，翻面——6个由1针锁针形成的镂空。

第3行：3锁针，在第1个镂空中钩2长针，接下来每个镂空中钩3长针，翻面——18长针。

第4行：3锁针，在第1针中钩1长针，[5锁针，接下来3针上分别钩1长针] 5次，5锁针，跳过下针长针，在最后锁针的顶端钩2长针，翻面——6个镂空。

第5行：1锁针，[在镂空中钩7长针，跳过1长针，下针上钩1短针] 6次，在最后锁针的顶端钩1短针。收针。

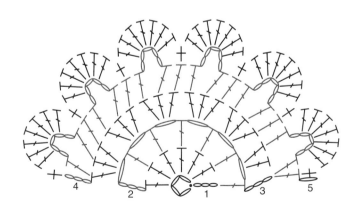

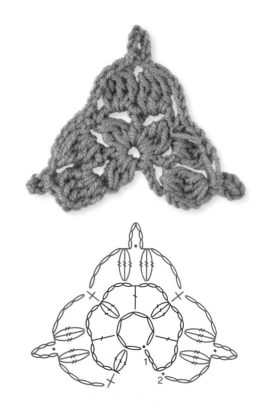

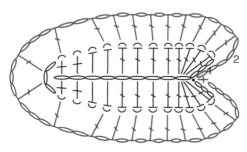

镂空树叶

注意：沿起针行两侧进行钩编。

起 12 锁针。

第1行：在离钩针第4锁针上钩4长针，接下来4针上分别钩1长针，接下来2针上分别钩1中长针，下针上钩1短针，在最后的锁针上钩（1短针、3锁针、1短针）。沿起针行另一端进行钩编，在下一锁针上钩1短针，接下来2针上分别钩1中长针，接下来4针上分别钩1长针，下针上钩5长针，3锁针，在顶端引拔，不要翻面，继续往下钩。

第2行：5锁针，这一行仅挑起外面半个针圈进行钩编，下针长针上钩1长针，接下来8针上分别钩（1锁针、1长针），2锁针，跳过2针，下针上钩1长针，3锁针，在尖角的镂空处钩（1长针、3锁针、1长针）。沿起针行另一端进行钩编，3锁针，下针长针上钩1长针，2锁针，跳过2针，下针上钩1长针，接下来8针上分别钩（1锁针、1长针），5锁针，在开头5锁针的底部钩1短针。

三角花

3长针的枣形针：[在钩针上挂线，在所需的地方插入钩针，引线拉出，挂线，从前2个线圈中拉出]3次，一次性从4个线圈中将线拉出。

3长长针的枣形针：[在钩针上挂线2次，在所需的地方插入钩针，引线拉出，（挂线，从前2个线圈中拉出）2次]3次，一次性从4个线圈中将线拉出。

狗牙：6锁针，在离钩针第6锁针中引拔。

起 6 锁针，在第 1 锁针处引拔成环。

第1圈（正面）：7锁针（看作1长针、4锁针），[在环中钩1长针，4锁针，1个3长针的枣形针，4锁针]2次，在环中钩1长针，4锁针，1个3长针的枣形针。收针。

第2圈：正面朝上，在开头4锁针形成的镂空中引拔，[4锁针，在镂空中钩1个3长长针的枣形针，1个狗牙，在下一个镂空中钩1个3长长针的枣形针]3次。收针。

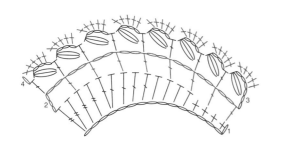

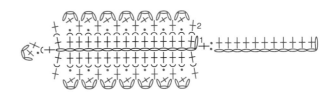

钩形花

侧边泡芙针：3锁针，[在钩针上挂线，沿上一针长针的立柱拉出线圈] 3次，挂线，从钩针上的6个线圈中拉出，再挂线，从最后2个线圈中拉出。

起 16 锁针。

第1行：在离钩针第2锁针上钩1短针，接下来3锁针上分别钩1短针，接下来4针上分别钩1中长针，接下来3针上分别钩1长针，下针上钩2长针，接下来2针上分别钩1长长针，在最后1锁针上钩2长长针，翻面。

第2行：5锁针（看作1长针和2锁针），跳过开头2针，下针上钩1长针，[2锁针，跳过2针，下针上钩1长针] 7次，翻面——8个由2锁针形成的镂空。

第3行：5锁针，[下针长针上钩1长针，钩侧边泡芙针] 7次，钩侧边泡芙针，在开头5锁针的第3针上钩1长长针，翻面。

第4行：1锁针，在每个镂空中分别钩5短针，在开头5锁针的第5针上钩1短针。

波浪边叶子

狗牙针：3锁针，在离钩针第3锁针上钩1短针。

起 16 锁针。

第1行：在离钩针第2锁针上钩1短针，接下来13针上分别钩1短针，在最后1锁针上钩3短针。沿起针行的另一侧进行钩编，在每针锁针上钩1短针，在开头的锁针上钩1短针。不要翻面。

第2行：接着仅挑起外侧半个针圈钩编，在下一针上钩1短针，（狗牙针，下针上引拔，下针上钩1短针）7次，下针上钩（1短针、1狗牙针、1引拔针）。沿另一侧进行钩编，下针上钩1短针，（1狗牙针，下针上引拔，下针上钩1短针）7次，下针上引拔，钩12锁针作为茎，在离钩针第2锁针上钩1短针，接下来每针上钩1短针，在叶子底部的下一针短针上引拔。收针。

Edgings 花式边缘

花式边缘是体现织物个性的一个重要元素。可以单独钩编之后再与衣物缝合，或者直接在衣服边缘直接钩编。

Sew-On Edgings 单独缝合类花边

此类花边是单独钩编之后再与衣物缝合的。
注意：在缝合之前，请用大头针等将花边定位。

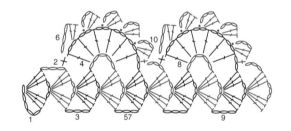

那波里蕾丝

注意：从较窄的一端开始钩编。

起 5 锁针。

第1行： 在离钩针第5锁针上钩（3长针、3锁针、3长针），完成了1个贝壳花，翻面。

第2行： 3锁针，在上一贝壳花的镂空中钩1个贝壳花，翻面。

第3行： 同第2行。

第4行： 5锁针，在上一贝壳花的镂空中钩1个贝壳花，翻面。

第5行： 3锁针，在上一贝壳花的镂空中钩1个贝壳花，在下一镂空中钩[2锁针、1长针]6次，在下一镂空中钩1短针，翻面。

第6行： 3锁针，在下一镂空中钩2长针，接下来4个镂空中分别钩（1引拔针、3锁针、2长针），下一镂空中钩1短针，3锁针，在上一贝壳花的镂空中钩1个贝壳花，翻面。

第7行： 同第2行。

重复以上第 4~7 行至需要的长度，在钩完第 6 行之后结束。收针。

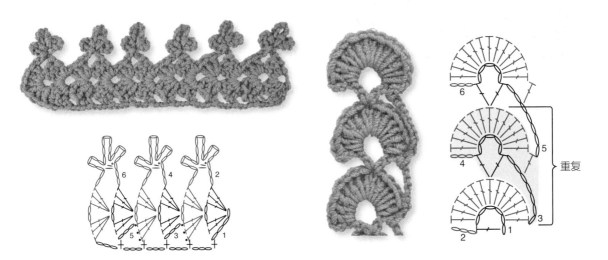

树形花边

第1行（反面）：4锁针（看作1长针和1锁针），在离钩针第4锁针上钩（2长针、2锁针、3长针），翻面。

第2行：8锁针，在离钩针第6锁针上引拔，7锁针，在上一引拔处再次引拔，5锁针，在上一引拔处再次引拔，2锁针，在最后1个镂空中钩（3长针、2锁针、3长针），翻面。

第3行：在开头3长针上分别引拔，3锁针（看作1长针），在下一镂空中钩（2长针、2锁针、3长针），翻面。

重复以上第2~3行至需要的长度，在钩完第2行之后结束，不要翻面。

边缘行：[3锁针，在侧边最顶端钩1短针]重复到结尾，最后在开头4锁针的顶端钩1短针。收针。

贝壳边

第1行：6锁针，在离钩针第6锁针上钩1长针，翻面。

第2行：3锁针（看作1长针），在镂空中钩13长针，翻面。

第3行：7锁针，跳过开头6针长针，下针长针上钩（1长针、5锁针、1长针），翻面。

第4行：3锁针，在镂空中钩13长针，在下一镂空中钩1长针，翻面。

第5行：7锁针，跳过开头7针长针，下针长针上钩（1长针、5锁针、1长针），翻面。

重复以上第4~5行至需要的长度，在钩完第4行之后结束。收针。

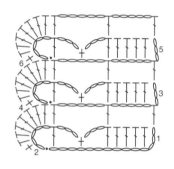

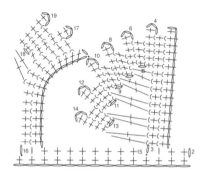

威尼斯花边

注意：从较窄一侧开始钩起。

起 14 锁针。

第1行：在离钩针第4锁针上钩1长针，接下来4针上分别钩1长针，3锁针，跳过2针，下针锁针上钩1短针，3锁针，跳过2针，在最后1针锁针上钩（1长针、5锁针、1引拔针），翻面。

第2行：在第1个镂空中钩（1短针、2中长针、5长针），下针上钩1长针，5锁针，跳过2个镂空，下针长针上钩1长针，5锁针，跳过4针，在开头锁针的顶端钩1长针，翻面。

第3行：3锁针（看作1长针），下一个镂空中钩4长针，下针长针上钩1长针，3锁针，下一个镂空中钩1短针，3锁针，下针上钩（1长针、5锁针、1引拔针），翻面。

重复以上第2~3行。

爱尔兰海浪花边

起针，针数为10的倍数加3针。

第1行：在离钩针第2锁针上钩1短针，接下来每针上分别钩1短针，翻面。

第2行：1锁针，在开头2短针上分别钩1短针，

15锁针，在离钩针第2锁针上钩1短针。在刚刚钩出来的15锁针处钩15短针，在前一行接下来2针上分别引拔，翻面。

第3行：1锁针，跳过2引拔针，接着仅挑起外侧半个针圈钩编，接下来15针上分别钩1短针，翻面，剩余针数不钩。

第4行：3锁针，在离钩针第3锁针上钩1短针（完成了狗牙针），接着仅挑起外侧半个针圈钩编，接下来5短针上分别钩1短针，翻面。

第5行：1锁针，仅挑起外侧半个针圈钩编，接下来4针上分别钩1短针，翻面，剩余针数不钩。

第6行：钩狗牙针，仅挑起外侧半个针圈钩编，接下来4针上分别钩1短针，在往下数第3行接下来2短针上分别钩1短针，翻面。

第7~14行：[钩第5~6圈] 4次——6个狗牙。

第15行：在第1行接下来8短针上分别钩1短针，15锁针，翻面，在刚刚完成的海浪花底部第3个狗牙中引拔（第10行），1锁针，翻面，在刚刚钩出来的15锁针处钩15短针，在第1行接下来2短针中分别引拔。

重复第3~15行，直至第1行剩余10短针，再重复第3~14行一次。收针。

Picked Up Edgings
挑钩类花边

　　一般来说，挑钩类花边也可以采用先钩完再缝合的方法。但是基于它们的结构，还是推荐直接挑针之后再钩编的方法。挑钩花边一般在主体部分的起针行进行，从花样第 1 行开始钩起。

萨布里娜蕾丝

三卷长针2针并1针：[在钩针上绕3圈线，从需要钩编的针圈中拉出线圈，（再次挂线，从钩针上的2个线圈中拉出）3次] 2次，挂线，从钩针上的3个线圈中拉出。

注意：在钩至第1行末尾时检查一下，由1锁针形成的镂空数目必须是8的倍数加1个，以便之后的花样可以保持完整。

起针，针数是 16 的倍数加 6 针。
第1行：在离钩针第6锁针上钩1长针，[1锁针，跳过1针，下针上钩1长针]重复到结尾，翻面。
第2行：3锁针（看作1长针），[下一镂空中钩1长针，下针长针上钩1长针] 2次，*5锁针，跳过2个镂空，下一个镂空中钩1长长针，5锁针，跳过2针，下针上钩1长针，[下一镂空中钩1长针，下针上钩1长针] 3次，再从*处开始重复钩，直至最后2个镂空，[下一针上钩1长针，下一镂空中钩1长针] 2次，在上一行开头第3针锁针中钩1长针，翻面。

第3行：3锁针，跳过第1针长针，接下来3针长针上分别钩1长针，[7锁针，下针长长针上钩1短针，7锁针，跳过下针长长针**，接下来5针上分别钩1长针]重复到结尾，最后一次仅钩至**处，接下来3长针上分别钩1长针，在上一行开头的锁针顶端钩1长针。

第4行：3锁针，跳过第1针，接下来2针上分别钩1长针，[7锁针，下针短针上钩（1短针、5锁针、1短针），7锁针，跳过下一针，接下来3长针上分别钩1长针] 重复到结尾，在上一行开头的锁针顶端钩1长针。

第5行：6锁针（看作1长针、3锁针），[下一个镂空中钩（三卷长针2针并1针、3锁针）5次，跳过下一针，下针上钩1长针，3锁针]重复到结尾，在上一行开头的锁针顶端钩1长针。

第6行：在开头镂空中引拔，1锁针，在同一镂空中钩1短针，[接下来5个镂空中分别钩（5锁针、1短针）**，下一个镂空中钩2短针]重复到结尾，最后一次仅钩至**处，在上一行开头的锁针顶端引拔。收针。

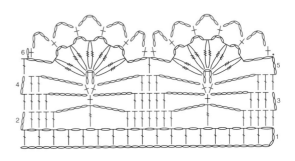

97

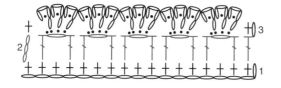

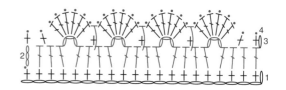

鸡冠花边

起针，针数为 3 的倍数。

第1行（正面）：在离钩针第2锁针上钩1短针，接下来每针上钩1短针，翻面。

第2行：3锁针（看作1长针），下针短针上钩1长针，[1锁针，跳过下一针，接下来2针上分别钩1长针] 重复到结尾，翻面。

第3行：1锁针，在第1针长针上钩1短针，[下一镂空中钩（1引拔针、4锁针、在离钩针第3锁针中引拔）3次，1引拔针] 重复到结尾，跳过最后一长针，在上一行开头的锁针顶端钩1短针。收针。

双色弧

用 A、B 两种颜色的毛线。

用 A 线起针，针数是 4 的倍数加 1 针。

第1行（正面）：（用A线）在离钩针第2锁针上钩1短针，接下来每针锁针上钩1短针，翻面。收针。

第2行：反面朝上，在第1针中以引拔的方式加入B线，3锁针（看作1长针），跳过第1针短针，接下来3短针上分别钩1长针，[3锁针，接下来4短针上分别钩1长针] 重复到结尾，翻面。

第3行：1锁针，在第1针长针上钩1短针，[在4长针的第2、3针之间钩1短针**，下一个镂空中钩6长针] 重复到结尾，最后一次仅钩至**处，在上一行开头的锁针顶端钩1短针，不要翻面。收针。

第4行：正面朝上，在第1针中以引拔的方式加入A线，1锁针，在第1针短针中引拔，[接下来6长针上分别引拔**，越过短针表面，在往前数第2行的2针长针之间钩1中长针] 重复到结尾，最后一次仅钩至**处，在上2针上分别引拔。收针。

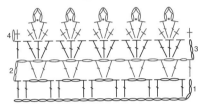

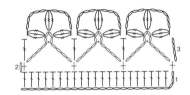

公主风狗牙花边

起针，针数是 4 的倍数。

第1行：在离钩针第4锁针上钩1长针，[2锁针，跳过2针，接下来2锁针上分别钩1长针] 重复到结尾，翻面。

第2行：4锁针（看作1长针、1锁针），[下一个镂空中钩（1长针、1锁针、1长针），1锁针] 重复到结尾，在上一行开头的锁针顶端钩1长针，翻面。

第3行：3锁针（看作1长针），[跳过1个镂空，在下一个镂空中钩3长针] 重复到结尾，在上一行开头第3锁针上钩1长针，翻面。

第4行：1锁针，在第1针长针上钩1短针，[在下一组3长针中间那针上钩（1短针、1长针、4锁针、在离钩针第4锁针上引拔、1长针、1短针）重复到结尾，在上一行开头的锁针顶端钩1短针，翻面。

三叶扇形花边

长长针3针并1针：在同一针圈中[绕2圈线，在需要钩编的针圈中拉出线圈，（再次挂线，从钩针上的前2个线圈中拉出）2次] 3次，再次挂线，从钩针上的4个线圈中一并拉出。

起针，针数是 7 的倍数加 3 针。

第1行：在离钩针第4锁针上钩1长针，接下来每针锁针上钩1长针，翻面。

第2行：1锁针，在第1针长针上钩1短针，[8锁针，在离钩针第4锁针中引拔，4锁针，跳过6针，下针长针上钩1短针] 重复到结尾，在上一行开头的锁针顶端钩1短针，翻面。

第3行：4锁针，[下一针狗牙中钩（长长针3针并1针、5锁针、长长针3针并1针、5锁针、长长针3针并1针），下针上钩1长长针] 重复到结尾。

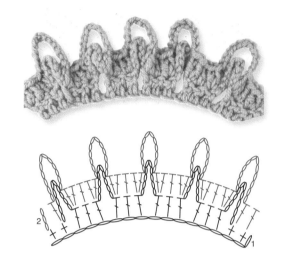

贝壳与狗牙

起针，针数是 6 的倍数加 4 针。

第1行： 在离钩针第4锁针上钩（4长针、2锁针、4长针），[跳过2针，下针上钩1短针，跳过2针，下针上钩（4长针、2锁针、4长针）]重复到结尾，在最后1针锁针上钩1长针，翻面。

第2行： 1锁针，在第1针长针上钩1短针，[5锁针，下一个镂空中钩（1短针、3锁针、1短针），5锁针，跳过4长针**，下针短针上钩1短针]重复到结尾，最后一次仅钩至**处，在上一行开头的锁针顶端钩1短针，收针。

贵妇花边

注意： 挑针之后再钩编贵妇花边，会有一种荷叶边的效果。

起针，针数是 3 的倍数加 2 针。

第1行： 在离钩针第2锁针上钩1短针，下针锁针上钩1短针，[10锁针，接下来3针上分别钩1长针]重复至最后2针，在2针锁针上分别钩1短针，翻面。

第2行： 3锁针（看作1长针），下针短针上钩1长针，[12锁针，下针上钩2长针，下针上钩1长针，下针上钩2长针]重复至最后2针，12锁针，在最后2短针上分别钩1长针。收针。

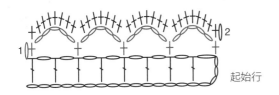

起始行

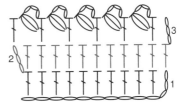

简易贝壳花边

起针，针数是 4 的倍数。

起始行：在离钩针第6锁针上钩1长针，[1锁针，跳过1针，下针锁针上钩1长针]重复到结尾，翻面。

第1行：1锁针，第1针长针上钩1短针，[5锁针，跳过1针，下针上钩1短针]重复至最后1长针，5锁针，跳过1长针，跳过1锁针，在下一针锁针上钩1短针，翻面。

第2行：1锁针，在第1针短针上钩1短针，接下来每个镂空中分别钩7短针，在最后1短针上钩1短针。收针。

立体贝壳花边

侧边泡芙针：3锁针，[在钩针上挂线，沿上一针长针的立柱拉出线圈]3次，挂线，从钩针上的6个线圈中拉出，再挂线，从最后2个线圈中拉出。

起针，针数是 2 的倍数。

第1行：在离钩针第3锁针上钩1长针，接下来每针锁针上钩1长针，翻面。

第2行：3锁针（看作1长针），在第1针上钩1长针，接下来每针上分别钩1长针，在上一行开头的锁针顶端钩1长针，翻面。

第3行：3锁针，在第1针长针上钩1长针，[钩侧边泡芙针，跳过下一针，在下针上钩1长针]重复到结尾，在上一行开头的锁针顶端钩1长针。收针。

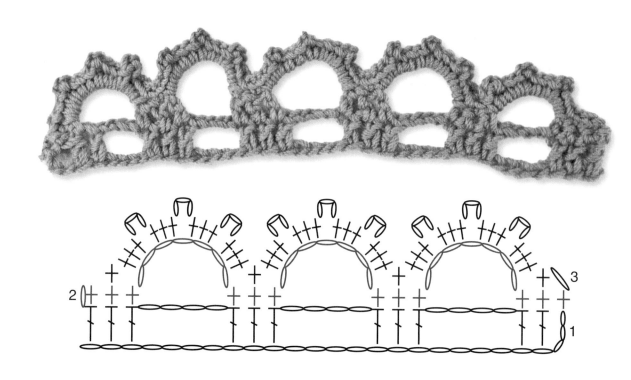

小皇冠花边

起针，针数是 7 的倍数加 5 针。

第1行：在离钩针第4锁针上钩1长针，下针锁针上钩1长针，[4锁针，跳过4针，接下来3锁针上分别钩1长针] 重复到结尾，翻面。

第2行：1锁针，在开头3针长针上分别钩1短针，[7锁针，跳过下一个镂空，接下来3针上分别钩1短针] 重复到结尾，在上一行开头的锁针顶端钩1短针，翻面。

第3行：1锁针，跳过第1针，下针上钩1短针，[在下一镂空中钩（3短针、3锁针、3短针、3锁针、3短针、3锁针、3短针），跳过1短针，下针上钩1短针] 重复到结尾。收针。

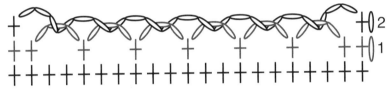

双色辫子花边

用A、B两种颜色的毛线。

注意：可以在短针、长针或者中长针形成的边缘钩此种花边。

第1行（正面）：（用A线）1锁针，在开头2针上分别钩1短针，[3锁针，跳过2针，下针上钩1短针]重复至最后1针，1短针，不要翻面。收针。

第2行：正面朝上，在第1行第1针短针中加入B线引拔，1锁针，在第1针中钩1短针，[3锁针，将钩针从线圈上拿下，从前往后插入前一行由3锁针形成的镂空中，挑起之前从钩针上取下的线圈]重复至最后镂空，3锁针，跳过下一针，在最后一针上钩1短针。收针。

荷叶花边

钩完主体部分之后，钩3锁针，翻面，在第1针中钩1短针，[3锁针，在下一针中钩1短针]重复到结尾。

Pockets 口袋

制作毛衣口袋有两种常用的方法。如果处理得当的话，口袋的边缘几乎是"无缝"的。倒三角形身材的人非常适合穿着前片底部有口袋的毛衣，因为它可以在视觉上增加下半身的体积。

贴袋

Patch Pocket 贴袋

钩编贴袋的方法相对简单。先确定其宽度，根据编织密度计算出所需要起的针数，按照实际需要钩编成正方形或者长方形。最后将口袋用大头针等工具在正身进行定位并缝合。

内袋正面

Set-in Pockets 内袋

内袋的制作方法相对复杂些。首先要钩编口袋内衬，完成之后放在一边，等待后续处理。接着钩编正身，钩至口袋开口的位置，在反面行结束，再按照以下步骤处理：

1. 用大头针将钩好的口袋内衬固定在正身背面需要安装口袋的位置，口袋的顶边要与正身顶边重合。

2. 钩编正身，直至口袋内衬边缘处，接着沿口袋内衬顶端继续钩编，使内衬与正身结合起来。

3. 在正身上跳过与口袋内衬顶边相同的针数不钩，继续往下钩编正身。

4. 将口袋内衬的两条侧边均匀地缝合在正身背面，在正面看不到缝合的痕迹。

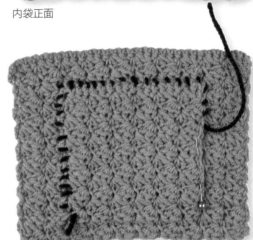

内袋反面

内袋完成

Buttonholes 纽扣孔

钩编衣物的纽扣孔分为水平和纵向两种，与行数保持平行。前者通常位于前片主体部分，后者则位于门襟处。如果成衣钩编说明中并未提及制作纽扣孔的方法，我们需要根据自己的需求来进行制作。值得注意的是：计算前片宽度的时候，必须将门襟的重叠部分也一并考虑在内。制作纽扣孔的一般步骤是：先标记好纽扣孔的位置；当钩编至标记处，先在第 1 行钩几针锁针（针数取决于纽扣孔的宽度），跳过与锁针相同的针数，接着继续钩主体花样；在钩编下一行的时候，直接在锁针上钩编主体花样。

纵向纽扣孔　　横向纽扣孔

Covered Buttons 包扣

当你找不到与织物相匹配的纽扣时,自己制作包扣是一个非常棒的选择。最好选取与织物相同的毛线来制作包扣,使两者更完美地融合。想要达到更加精致的效果,也可以选择与织物颜色相同但稍细的毛线。用普通的纽扣打底,使用稍细的钩针进行包扣的钩编,使针脚更加紧致,否则,内部的纽扣会显现出来,影响包扣的效果。

以下是包扣的制作方法:

起始行: 起4锁针,在第1个锁针处引拔成环。

第1圈(正面): 1锁针,在环中钩8短针,用引拔的方式与第1针短针结合起来。不要翻面。

第2圈: 1锁针,在每针中分别钩1短针——16短针。

钩完第2圈之后,假如其直径比纽扣的直径小,那么继续钩第3圈,隔针加针,使直径扩大。

最后一圈: 1锁针,在每针中分别钩1短针。收针,留一段30.5cm的尾线。将尾线穿入缝衣针,将纽扣填入织片中,将缝衣针依次穿过最外圈的外侧半个针圈,完成之后抽紧尾线,使织片合拢,打结固定。继续用剩余的尾线将纽扣缝至毛衣上。

Button Collar 花边扣

花边扣是指钩编具有荷叶边效果的花边,并将纽扣缝合于中心部分。使用与成衣相同的毛线和针号进行钩编。

起始行: 起10锁针,在第1锁针处引拔成环。

第1圈: 1锁针,在环中钩12短针,用引拔的方式与第1锁针结合起来。

第2圈: 接着仅挑起外侧半个针圈钩编,在第1短针上钩1短针,[3锁针,下针上钩1短针]11次,3锁针,用引拔的方式与第1短针结合起来,收针。

Zipper Closure
拉链的安装

　　如果你更加偏好使用拉链，可以将常规的纽扣门襟去掉，换成拉链。在钩编前片的时候，注意计算前片的宽度，使左、右前片的宽度正好为后片的一半。还可以根据自己的喜好进行钩边处理，钩短针或者逆短针均可。

　　安装拉链的最高标准是：拉链处于并合状态时可以完美地隐藏在织物内。而且又有足够的空间，上下拉动拉链的时候相当顺滑。以下是拉链的安装步骤：

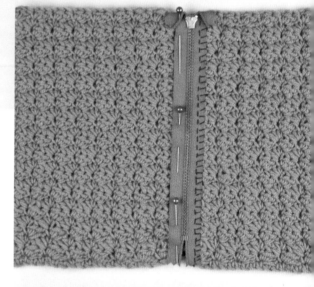

1. 用另一种颜色的毛线将左、右前片的边缘用平针缝合的方法粗缝起来。
2. 将拉链反面朝上，放在毛衣的反面，拉链的中心线与平针缝合线对齐。用大头针将拉链的两侧布料部分固定在左、右前片。
3. 用同色的缝合线，沿拉链的左右两侧分别纵向缝合，针法是平针缝合法，注意拉链的边缘部分要留开一些。在拉链的边缘部分用卷针缝合的方法与成衣的内层缝合起来，这样在成衣正面几乎看不到缝合的针迹。将拉链顶端的布料分别向两侧折下，缝合。
4. 仔细地去除第1步中的缝合线。

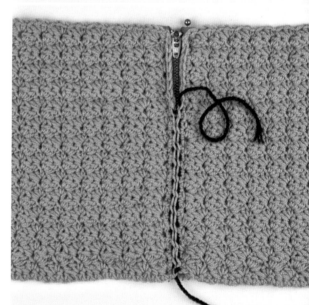

Shoulder Pads 垫肩

三角形身材的人一般都有较宽的臀胯和较窄的肩膀，为了在视觉上达到平衡，我们可以在肩部制作一些垫肩，方法如下：

1 用同样的毛线和同样的花样钩一片正方形。

2 沿对角线将正方形折叠成直角三角形，将边缘缝合。

3 将垫肩放在肩部下方，垫肩的中心线与肩线重合，长边与袖山相贴，尖角对着领窝一侧，将垫肩与毛衣缝合。

Our Models 模特

妮可·瓦伦西亚

布丽特妮·德拉巴雷拉

珍妮·哈德森

莎伦·休伯特·
瓦伦西亚

Body Types 找准自己的体型

长方形身材

胸围 = 臀围
腰线不明显

三角形身材

胸围 < 臀围
稍有腰线

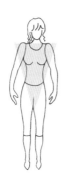

倒三角形身材

胸围 > 臀围
肩部宽厚

沙漏型身材

胸围 = 臀围
肩宽 ≈ 臀宽
腰线非常明显

Abbreviations 针法图例

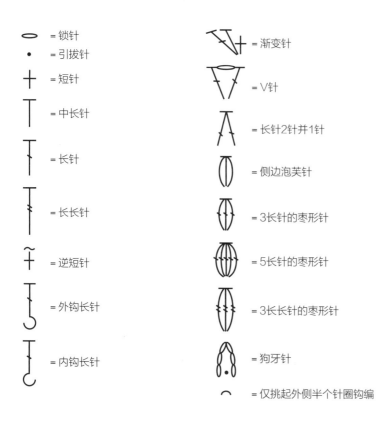

= 锁针

= 引拔针

= 短针

= 中长针

= 长针

= 长长针

= 逆短针

= 外钩长针

= 内钩长针

= 渐变针

= V针

= 长针2针并1针

= 侧边泡芙针

= 3长针的枣形针

= 5长针的枣形针

= 3长长针的枣形针

= 狗牙针

= 仅挑起外侧半个针圈钩编